クリーンエネルギー国家の戦略的構築

――二十一世紀の電気文明時代を生きる知恵――

石原　進　永野芳宣　監修

南部鶴彦
合田忠弘
土屋直知
永野芳宣

財界研究所

目次

はしがき

第一編　電気が創り出した日本国家の繁栄

第二編　電力供給の制度設計

第三編　電気の技術的商品特性とスマートグリッド

はしがき

この本は、私たち日本人がこれからの二十一世紀においては、《電気》をクリーンエネルギーの中心に据えて、粘り強く戦略的思考を目指していくべきであるということを、分かり易く述べたものです。

わが国では、長年の自民党政権による政治の混迷を嫌気した国民世論が、リーダーシップの復活を民主党政権に期待して政権交代が実現しました。政権をとった民主党は、これまで自民党が行ってきた政策を殆ど変えようとしました。しかし、わが国の資源エネルギー政策だけは、無資源国の現実を踏まえむしろ前政権の方策を踏襲して、電気の安定供給を主軸とする政策方針を進めることにしました。これは、外交戦略的にも、極めて重要なことでした。

特に初代の鳩山首相は、地球環境問題を克服するには自民党よりも、もっとCO2の排出量をわが国は減らすべきだと、国連総会で華々しく基調演説したのです。このためには、CO2削減に最も貢献できる原子力発電の比率を、十年以内にわが国の電気エネルギー供給全体の五十％以上に引き上げると、世界中の国々に向かって宣言しました。海外諸国からは、日本の原子力機器の技術的優秀さを評価し、積極的な輸入のアプローチが次々に出てきておりました。

ところが、昨年三月十一日に東日本大震災が起きると、政府は一転、百八十度この政策を転換したのです。特にこの時わが国のトップリーダーになっていた民主党二代目の菅首相は、《脱原発》を宣言しました。同時に突如として、自然エネルギーを大量に導入し、日本の原子力発電所のこれまでの政策を見直すと発表しました。

首相は、原爆が投下された8月6日と9日に広島と長崎をそれぞれ訪れました。そこで、原子爆弾と原子力発電を一緒にした脱原発の発言にまで中味を発展させ、わざわざ反原発市民運動家のような行動をとりました。このため反原発運動が一挙に高まり、多くのマスメディアがこの首相に同調して、一層原子力発電を悪者に仕立て上げてしまいました。

日本のトップリーダーの、こうした発言と行動に、世界の各国が驚きました。その影響は、小さくありません。例えば、遠くヨーロッパにあるドイツは同様に脱原発を宣言し、また近隣諸国は、リーダーシップが弱くなった日本の姿を見越して、外交的に未解決な国土の周辺に揺さぶりをかけてきました。

だか、私どもはこうした目の前の事件に、驚き慄いているだけで良いはずはありません。突如日本人の誰もが考えもしなかった大震災が起こり、放射性物質が流れ出すという大変な事態が発生したことは事実です。しかしながら、日本中で稼動している原子力発電所五十四基のうち、地震と津波の被害を受け放射性物質が流れ出る事故が発生したのは、福島にある四基の福島第一原子力発電所だけです。同じく福島にある福島第二原子力発電所や宮城県の女川原子力発電所は、放射能漏れを起こしていません。今回放射能物質が漏れたこの四基は、四十年以上前にアメリカの技術と運転管理の指導で建設し造ったものです。日本全国にある他の約五十基は、その後日本のメーカーが、本格的に手掛けたものであり、今述べたように福島第二や女川を含め、今回のような事故は起きていません。

ところで、この三月末に柏崎刈羽6号、四月末に泊3号が定期検査のため停止すると全部の原子力発電所が停められてしまいます。停止した五十基がいつ稼動するのかの目途は示されていません。政府は安全に運転していた中部電力の浜岡原子力発電所まで止めたのです。長年に亘り築き上げて来た国家の基本的なエネルギー政策を、世論迎合的な判断で、簡単に転換してしまってよいのでしょうか。

放射能は、誰でも怖いでしょう。地元の知事が、色をなして怒るのは分かります。だが、想像を絶する地震と津波のために、発電所から危険物質が漏れたことは大変だけれども、そのことだけでわが国が、過去の厳しい歴史を踏まえて、日本人が生きていくために最も重要な国家戦略の一つとして営々と練り上げて来たクリーンエネルギー政策を、簡単に変えてしまってよいとは思えません。

あの3・11の大事故から、ちょうど一年が過ぎました。そこで私ども日本人は、従来から進めて来たわが国のクリーンエネルギー政策を、歴史の検証を行いながら、同時にさらにもっと電気の役割を戦略的に考える必要があるという観点から、至急に提言的な本を発行すべきだと考えました。

この本は、クリーンエネルギー政策の《正道》を戦略的に追求したものです。人間が検証できるのは、過去の経験とデータすなわち歴史だけです。いくら優れたリーダーでも、歴史の検証を行わず未来を語り実行するのでは、国の破滅を恐れない行動でしかありません。繰り返しになりますが、これからの日本のトップリーダーたちは、是非正道に従ったクリーンエネルギー政策を戦略的に追求していって貰いたいと考えます。一瞬にして、過去を百八十度転換するようなことは、日本人の正義ではありません。

本書の中味は、大きく四編に分かれています。

第一編は、「電気が創り出した日本国家の繁栄」について述べております。東洋の小さな国の日本が、如何にして世界一流の国に成り得たのか。それは百六十年前の明治維新の折、開国して間もない日本のトップリーダーたちが、欧米で始まった電気の発見と利用に素早く目を付け必要性を確信し、わが国に取り入れる努力を行ったからだといえます。そうした状況と同時に、その電気の利用をエネルギー資源の乏しい中で、如何に技術革新によって達成したかを整理して述べました。

結局は、これからも、わが国は世界で一番優れたクリーンで効率的な電気の活用をしなければ、生きていけないということを述べます。その基本に、原子力発電が必要だということです。また自然エネルギーを出来るだけ導入するにしても、電気を有効にかつ効率的に利用するには、日本が過去百六十年間に亘って経験し到達した現在の事業体制こそ、公益事業による組織的コントロールに、最も適したものであることを説明します。

第二編は、「電力供給の制度設計」についてアンバンドリングの合理性を問うたものです。まず読者の方々に、電気は一体どのようにして生産・流通・消費されるのか、その電気という財が社会インフラとして最重要なものであり「発電」という特殊な生産活動がもたらす大きなリスクを踏まえ、私どもの生活と産業にとって何故「基本財（プライマリー・グッズ）」と言われるのかを、分かり易く説明します。

そのためには、まず電気の原理から発電・送電・配電のメカニズムを理解して貰うことが必要です。さらにそのメカニズムから、事業運営として発送電の垂直統合システムという《集中型》がよいのか、それとも《分離型》がよいのかを検討してみます。もちろん、原子力・風力・太陽光発電等についての特性をも同時に検証する必要があります。その結果、電気を瞬時に消費する際に、消費者に与える安定性と利用価値が、単にコストだけで比較出来ないものであることを説明します。

電気事業の産業体制については、第一編でも基本的に現行体制の必要性を、事業戦略の観点から取り上げましたが、ここでは電気事業の競争をアンバンドリング（発送電分離）に結び付ける誤りを、欧米の実例・実績を基に明確に検証してみます。アンバンドリング（発送電分離）は、発電という特殊な商品の生産における市場行動が、消費者に負担を強いることになるという社会的損失を生むことが明らかになります。

さらに世界各国の電気事業における、再生ないし自然エネルギー導入政策と、その経済合理性がマッチしているのかどうかを、実証結果を踏まえて説明します。果たして、それがCO2の削減に繋がっているのかどうかも、疑問の点があり実例を基に検証検討しております。

第三編は、「電気の技術的商品特性とスマートグリッド」について述べます。ここでは特に、第二編で述べてきた電気というエネルギー物質についての、技術的特性をしっかり検討しております。発送電一貫体制の分離が海外諸国で行われているから、わが国がこうした制度を導入しないのはおかしいという意見があります。しかし、日米欧などその国の地勢の違いをも踏まえ、電気の技術と設備の特性を検討して見ると、発送電を分離することのメリットといわれるものよりも、むしろデメリットのほうが遥かに大きく、むしろそのために電気の安定・安全性が侵され、利用の危険性がとても高いことを検証しながらあくまで客観的データで説明します。

また、スマートグリッドの必要性は当然ですが、ここでも技術的に大きな限界があることを取り上げます。

次いで本編では、同時に送電線の役割とそれを多機能化することの限界を、具体的に分かり易く説明します。さらに通信線が分離多機能的に利用されていることから、電気の送電線も同じく分割利用すれば、新たな経済的付加価値を生むと考えられる向きがありますが、通信線と送電線とではそのメカニズムが全く異なります。その違いと利用の限界を、明確にしたいと考えます。

最後に本編では、私どもが考える二十一世紀のわが国「次世代電力供給網」の新たな概念について述べたいと思います。後ほど詳しく述べますが、一般の輸送手段が多様に存在するように、発電した電気も「輸送する手段」を生産者が責任を持って多様化する、という概念を取り入れる必要があると考えました。

第四編では、以上の第一編から第三編までの総括として、「わが国の二十一世紀型エネルギー戦略」の重要性を取り上げます。

まず、クリーンな電気がわが国国民の文化生活を支え、同時に安定・安心・安全かつ効率的な産業の成長発展を図るためには、あくまでCO2の無い原子力発電がなければ、国家のエネルギー戦略という観点からは成り立たないことを取り上げます。もちろん、自然ないし再生可能エネルギーは、原子力等の電源が安定的に供給されることと両立出来る範囲で、開発利用されるべきです。しかし、単にコスト面からだけでなく、電気の安定供給という面からも、さらに地球全体のCO2を大きく抑えるということからも、今後全てを自然ないし再生可能エネルギーに期待する考え方は大きな間違いであるという点を、指摘しております。わが国は国土面積が小さいにもかかわらず、一億人を越える人口を抱え、しかも電気エネルギーの消費量と電気の消費の仕方が、高度でかつ多角的多様で複雑な利用状況となっており、とても人口密度の低い他の国とは比較にならないほど緻密かつ複雑なのです。この点を明らかにしております。

次いで第二には、地方の時代を踏まえ例示として九州地域の電気事業を取り上げます。そこでも、あくまで原子力が主力のクリーンで安定した低コスト電源であることを求めて多くの産業が進出してきていることを説明します。原子力発電によって支えられた電気の安定供給が無ければ、九州府の実現もあり得ないし、同時にアジアをはじめ新興国から期待されている原子力機器、およびシステムの輸出も成り立たないことを述べております。

なお、最も基本的なことですが、今現在、地球上の人類社会は混乱の極みにあり、いつまた大戦争のようなことが起きかねないという不確実な不安が漂っております。その最大の原因が、資本主義の自由市場体制が生み出す人々の貧富の格差拡大から来るものです。従って、これをどう解消し、大混乱を治めるかということが求められています。

よって、この本で取り上げるクリーンエネルギー戦略も、この市場が生み出す経済的混乱と貧富の格差是正に役立つものでなくては意味がありません。

ちょうど、この本を書き始めた折、経済学者・松原隆一郎教授が『ケインズとハイエク』（講談社現代新書）という本を発刊しました。経済学史の上で、最も著名な貨幣と金融の専門家による今から八十年前の市場経済の混乱の治め方についての論争は、正に今日的課題でもあります。松原教授の分析は興味深く、参考にすべきことが多いと思います。二人の論争のポイントを今日的に考えると、それは世の中の混乱は最後には「国策により政治的に治めるしかないとするケインズ流（大きな政府）」か「あくまで知力による民間の主導で経済復活を期待するハイエク流（小さな政府）」かということになると思います。

本書の執筆は、下記の「二十一世紀型寺子屋研究会」のメンバーが昨年十月以降議論を重ねた上で、それを纏める形で書籍にしたものです。従って、資料や材料は、メンバーの中から提供されたものもあります。また、纏め方についても、塾頭の石原進が総括したものを、幹事の永野芳宣が整理し項目を作成しました。

その上で、執筆は第一編と第四編は永野芳宣、第二編は南部鶴彦、第三編第一章は合田忠弘・同第二章以下土屋直知がそれぞれ分担して行いました。

「二十一世紀型寺子屋研究会」とは、三・一一の後の政治、経済、社会の動きが、どうしても目先の利害関係に振り回されて、世論に迎合する姿に対し、日ごろからこれではいけない、正義を語り正道を目指そうという考えを共有する仲間が、自然体で作った集団です。無心に明徳を求め正道を語り合うことは、なかなか難しいものです。

《正道》とは、私ども九州の偉人西郷南洲が時世に迎合せず、命を賭けるつもりでリーダーシップを図らなければ、国家と国民を守ることは出来ないという意味を込めて述べた言葉でもあります。

現在のメンバーは以下の通りであり、九州を中心にした有識者に中央の智者が協力する

状況で進めているものです。（五十音順、敬称略）

石原　進（塾頭）　川野　毅　合田忠弘　佐々木健一　佐竹　誠

土屋直知　永野芳宣（幹事）　南部鶴彦　村田博文　他

第一編　電気が創り出した日本国家の繁栄

第一章　明治開国期の産業革命と電気の役割

〔一〕電気が興した産業革命

電気とは何か。一体どういうエネルギーなのか。いろいろな見方がありますが、一言で言えば人間が仕事をするための《材料》《道具》だ、というのが一般的ではないでしょうか。電気が空気や水と同じだといわれ、従って電力会社は公益事業者だというのは、そのことを表しているといえます。

確かに食品を作るにも、パソコンや携帯電話などを製造するにも、また私たちがその製品を使って電話をかけるにも、列車や電車を動かすにも、全て電気の働きが必要です。もちろん、家庭の水道もエアコンも冷蔵庫もトイレも、それにエレベーターなども電気が無ければ動きません。だから、電気は生活や産業活動に無くてはなりませんが、仕事の材料や道具すなわち何かの目的ではなく《手段》として用いるエネルギー源です。

現在の電気というものに対する、私たちの価値観はその通りです。しかし、電気という人類にとって大変便利なエネルギー源を発見した時は、どうだったでしょうか。人間が使う道具であることには間違いないとしても、電気自体がとても大切な宝物だったといえます。その証拠に《電気は文明の灯火》と、明治初期のトップリーダーの一人だった伊藤博文をして言わしめたように、最初は電灯として使われました。それまで、私どもの生活の全ての明かりが「篝火」「灯油」そして「ランプ」だったのが、電気エネルギーの力で「電灯」に代わったわけです。

従って、電気がエネルギー源として発見され利用され始めたことは、単なる日常的な道具ではなく《貴重品》であり、電灯を使っているというのは、使っている人のいわばステイタスシンボルだったのです。いろいろな商品と同じく、最初は一般大衆にはとても手が出せない、高級品だったわけです。例えば現在では誰でも購入出来る自動車やカメラや携帯電話なども、そうした商品が最初に発売された頃は、それを持つことがステイタスに繋がったわけです。電気も同様でした。

従って、最初に莫大な投資をした事業者にとっては、発電所を造り電気を開発するなどということは、一種の賭けであり冒険だったわけです。開国したばかりの明治政府にとっては、国家としてそのような冒険をする余裕などありません。電気が米国と日本で開発されたのは、明治十年（一八七七）前後ですが、その頃台湾出兵や日本にとっては最後の内戦といわれた西南の役など、内外の諸問題の対応に苦心しつつあった明治政府には全く余裕は無かったといえます。

従って、電気の開発も利用もあくまで民間の資産家によって行われました。逆に言えば、民間のリーダーシップがあったから比較的スムーズに行えたともいえます。

電気の導入がもたらした産業革命の日米競演

電気を使って電灯の原理を発明したのは、十九世紀の初頭一八〇八年イギリスのハンフリー・デイビーという人でした。日本では、まだ江戸時代第十一代将軍徳川家斉の頃です。一方ヨーロッパでは、四年前一八〇四年に皇帝になったナポレオンの全盛時代であり、アメリカでは奴隷貿易が禁止され新しい民主主義国家の建設に向かって走り出していました。

しかし、日本では相変わらず鎖国が徹底され、外国人が日本に近づく、もしくは侵入したというだけで、処罰されるという風潮でした。例えば一八〇八年八月イギリス船フエートン号が、長崎に立ち寄ったのを見過ごしたというだけで、長崎奉行だった松平康英は引責自害しています。また同じ年十二月、幕府は北辺の守りを固めるため、盛岡藩主を従来の十万石から二十万石に、弘前藩主を七万石から十万石の大名に格上げして、北海道への出兵を命じています。

従って、変化発展する海外の動き等が、国内に伝わるはずはありません。日本の文化発展や産業革命が進展しなかったのは、この状況を知れば知るほどに、なるほどそんな時代だったからだと納得出来るのではないでしょうか。

それから約半世紀後、嘉永六年（一八五三）第十三代将軍徳川家定の時代に、アメリカ艦隊コモドール・ペリー提督が率いる四隻の黒船が、日本に開国を求めて遣って来る時代になって初めて、産業革命が欧米より遅れたことに、やっと日本の政府が気付いたといえるでしょう。

ところが、そういう状況に気付き開国した日本ですが、今度はその日本人の凄さに驚かされます。それは、第1図を見れば歴然としております。アメリカでエジソンたちが実験を始めた頃、すでにそれよりも二年も早く日本では当時のお雇い外国人に電灯を点す実験をさせています。実際の電灯供給は、アメリカよりも少し遅れましたが、明治の半ばには電灯だけでなく、すでに製造事業用の動力として電気が全国的に使用され始めております。

東洋一の大国となった秘密は電気のおかげ

日本が東洋諸国の中で、唯一経済と軍事力に秀でた国家に成長することが出来たのは、正に電気のお陰といっても決して言い過ぎではないでしょう。

当時欧米諸国を中心に、植民地化されていった東南アジア諸国や中国においても、植民地の拠点を支配した国が、自分たちの都合で部分的に電気を導入したところもありました。しかし、日本のように自国の政府の意志で先見的に電気を導入し、産業革命を導いたものではなかったのです。

電気が、《電灯》として利用されたことで、もう一つ日本が先進国になるための極めて重要な意味があったことを指摘しておきます。

それは先ほど、電気はまず《電灯》として利用されたと述べましたが、そのことが日本人の《教育の発展》に大きく寄与したことは、あまり語られていません。しかし、明治初期まで夜になると、せいぜい灯油のランプが最大の明かりであったのに比べると、電灯の発達は正に驚異的に、日本人の夜間の生活時間を変えたといえます。

歌舞音曲の発達はもちろん、産業の発達や行商や飲食店などの商売にも、大きな付加価値を与えたと思いますが、最も大きかったのは子女の教育時間が大幅に増えて、日本人の

第１図　日米の電気導入の状況比較

≪電気を電灯に利用する原理の発見≫

1808年〈イギリス人デイビー〉電気を「電灯」に使う原理発見

欧　米

●1876（明治9）
チャールス・ブラッシュ
→直流高圧電流発電機発明
{カリフォルニア電気会社設立}
→同社が翌年9月アーク灯電灯供給開始

●1877（明治10）
トーマス・エジソン
→綿糸フィラメントの白熱電灯発明
{ニュージャージー州で実験に成功}
→1880年エジソン電気照明会社設立
→1882年(明治15)ニューヨークで920KW(火力発電6台)
→85戸に電灯供給開始

日　本

●1875（明治8）
お雇い外人ウイリアム・エルトン
→工部大学寮でアーク灯の実験

↓

↓

●1882（明治15）　東京電灯
創立記念→銀座に2千燭光白熱アーク灯点灯

↓

●1886（明治19）　東京電灯
→日本初、東京地域1447灯の電灯供給
翌年続々大阪、京都、名古屋などで電灯供給開始(事業者41社へ)

●1896（明治29）
→動力源として電気を使用する会社数2500箇所
（火力が五十％以上、残りが水力その他）

識字率を高めたことは、電気という文明の道具がもたらした大きな力だったと思います。

〔二〕電気事業者が果たした地域経済発展の役割
――九州地方の事例を基に検証

次いで、これからは地方の時代とよくいわれますが、そのことと電気の役割について説明したいと思います。

まず、何故今地方の時代なのでしょうか。それは、《激変》の時代だからです。激変の時代には、中央で強制的にコントロールしようとしても直ぐには不可能なのです。そのことは、歴史が証明しています。

すなわち、いつの時代でも世の中がグローバルに変化しようとする時、その変化を中央で全てコントロールしようとすると、末端の地域地方は大きな混乱に見舞われるということです。正に現在は、その局面に当たります。

よって、過去の歴史を紐解き検証してみる必要があります。すると直近の歴史的事実では、そこには不思議なことに大きく《電気》が地域地方の発展に寄与している事実があったことがわかります。

序ながら少し横道に逸れますが、外交や軍事そして防衛というように国家国民を外敵から守り外交交渉をするような場面では、中央と地方との考え方が違っていては困りますが、生活や産業活動の面では、政治は地方地域それぞれに、行動を任せるのが常道だということです。逆にいえば、まだ商業資本が中心であった明治初期の時代、貨幣経済が市場取引の中心になりつつはありましたが、地域経済それぞれの秩序を破壊してまで、グローバルな海外諸国からの要請を受け入れ徹底しようという社会的要請は、生まれなかったということでしょう。自由経済体制を目指したわが国は、まだ発展途上の段階であり、「半開の国」といわれていました。ケインズがいうような、自由経済の展開が世の中の不確実な混乱を引き起こすなどという心配も無かったわけです。それよりもむしろ次に述べるように、商業資本家たちが積極的に経済近代化の手段として電気エネルギーの力を利用することを積極的に活用したということが重要だったのです。

それでは、電気と地方の発展の関わりについて歴史の事実を検証して見ましょう。

グローバルな変化の時代の検証

すなわち明治開国の折も、正にグローバルな変化をわが国は強烈に受けたといえますが、それを中央政府がむしろ、国家への侵害とみなし国家秩序を大事にして国の防御に努めたことが重要なポイントです。その反面、わが国は民間資本家の自由闊達な事業活動を奨励したわけです。既に述べたように、この時発見された電気エネルギーを照明用にまた、製造事業のための電力エネルギーとして活用したことが、近代化といわれる産業革命を欧米並みにもたらしたわけです。

ここで特に述べたいことは、同じく電気の発見が地方地域の発展をもたらし、むしろそれがわが国全体のより大きな発展に繋がったという事実であります。それを、九州地方の事例を基に検証してみます。

大変単純な事例ですが、第2図を見て頂きたいと思います。先ほどの第1図で、東京電灯が明治十九年（一八八六）に、わが国で初めて千四百四十七灯の電灯供給を始めたのは、アメリカに引けをとらない速さだったと述べましたが、その時から僅か約十年間の間に、全国各地に電灯が普及して行った様子が見てとれます。

また、特に第2図で注目したいのは、九州地方の電灯の普及について、むしろ熊本・長崎・鹿児島・日田という地域の方が、今では大都市となった福岡よりも早く電気の普及が始まっていたということです。

また第1表は、明治三十七年（一九〇四）時点の全国電気事業者のランキング表ですが、ここにベスト二十位までが挙げられています。この当時日本全体の電気事業者の数は三百社ぐらいあったようですが、このトップ二十位の中に九州の電気事業が六社も入っていることです。

第2表を見て貰うと、一つの事例として明治中期の地方電灯会社の株主名簿（事例として熊本電灯）を掲げておきましたが、ご覧の通り株主すなわち出資者は、地元の資産家（商人、金融事業家）であることが分かります。すなわち、電気事業はすべて民間人によって開発され実用化されたことが、検証されます。

序ながら、地方地域のことを代表して「九州地域」の明治改革期、すなわち世の中がグローバルに展開され出した時の、民間経済人の活躍ぶりを表わす図表である第3図を見て頂きたいと思います。ご覧のように、九州では東京の鉄道と同じ規模の鉄道が設立され、鉄道の普及によっていち早く北九州地域一帯の近代化に大いに貢献したことが伺えます。もちろん、上述のように電気の発達が鉄道の発展を同時に促進していったと考えられます。

第２図　わが国電気事業の創業順一覧

西暦年	明治	会社名	場所	様式
1886	(19)	東京電灯	(東京)	〈火力〉
1888	(21)	神戸電灯	(兵庫)	〈火力〉
1889	(22)	大阪電灯	(大阪)	〈火力〉
		京都電灯	(京都)	〈火力〉
		名古屋電灯	(名古屋)	〈火力〉
1890	(23)	品川電灯	(東京)	〈火力〉
		横浜共同電灯	(神奈川)	〈火力〉
		深川電灯	(東京)	〈火力〉
1891	(24)	熊本電灯	(熊本)	〈火力〉
1892	(25)	長崎電灯	(長崎)	〈火力〉
1898	(31)	博多電灯	(福岡)	〈火力〉
		鹿児島電気	(鹿児島)	〈水力〉
1900	(33)	日田水電	(大分)	〈水力〉

第１表　「電気事業者の上位20位ランキング」(1904年)

	事業者	電灯・電力料	事業者	灯　数
1	東京電灯	1,085,479	東京電灯	103,667
2	大阪電灯	740,744	大阪電灯	65,200
3	京都電灯	286,524	横浜共同電灯	32,276
4	横浜共同電灯	227,936	京都電灯	20,158
5	神戸電灯	187,438	神戸電灯	17,548
6	名古屋電灯	143,077	名古屋電灯	16,039
7	広島水力電気	67,308	金沢電気	7,811
8	宮城紡績電灯	61,192	長崎電灯	7,632
9	博多電灯	60,907	宮城紡績電灯	6,570
10	長崎電灯	60,547	小田原電気鉄道	5,840

	事業者	電灯・電力料	事業者	灯　数
11	金沢電気	58,125	伊予水力電気	5,626
12	広島電灯	50,800	甲府電力	5,061
13	鹿児島電気	41,418	博多電灯	4,963
14	甲府電力	38,810	広島電灯	4,466
15	札幌電灯	34,953	駿豆電気	3,876
16	小田原電気鉄道	33,544	広島水力電気	3,553
17	静岡電灯	30,608	両羽電気紡績	3,353
18	馬関電灯	30,174	熊本電灯所	3,230
19	和歌山電灯	29,148	鹿児島電気	3,145
20	富山電灯	27,637	和歌山電灯	3,033

（出典）前掲『日本帝国統計年鑑』第24回

第２表　電灯開発時期の「電気事業の株主と役員」

電力事業の株主と会社役員は全て民間人

熊本電灯の大株主（1893年末）

	住所	持株数	備　考
堀部　直臣	熊本	1,003	第九国立銀行頭取
中村　才馬	熊本	670	第九国立銀行取締役
福永次三郎	熊本	110	太物商、福永銀行
山内　栄作	熊本	100	砂糖商、石油商
三淵弥七郎	熊本	75	
伊藤　直剛	熊本	75	第百三十五国立銀行取締役
黒瀬　又男	熊本	75	第百三十五国立銀行取締役
松崎　為巳	熊本	50	第九国立銀行支配人
上羽　勝衛	熊本	50	第百三十五国立銀行頭取
河野政次郎	熊本	50	進歩銀行頭取
浅井　鼎泉	熊本	50	第九国立銀行取締役
村田　権蔵	熊本	50	第百三十五国立銀行取締役
阿部　準輔	東京	50	東京電灯
甲斐　　亀	熊本	50	
小野　平八	熊本	50	
合　計		2,508	
総株数		3,000	

（出典）前掲東定「明治中期九州地方の電気業」。『九州電気五十年史』1943年。『日本全国諸会社役員録』各年

熊本電灯の役員構成（1891・96・1901年）

	1891年	96年	1901年	備　考
河野政次郎	社　長			進歩銀行頭取
中村　才馬	取締役	社　長		第九国立銀行取締役兼支配人
太田黒一貫	取締役	取締役	取締役	
松尾　鶴男	取締役	取締役		第百三十五国立銀行支配人
藤井　安俊	取締役	取締役		
堀部　直臣		監査役		第九国立銀行頭取
上羽　勝衛		監査役		九州商業銀行頭取
松山嘉一郎		取締役	社　長	熊本貯蓄銀行専務取締役
松崎　為巳			取締役	第九銀行支配人
志水茂太郎			取締役	第九銀行取締役
山内　栄作			監査役	砂糖商
村田忠次郎			監査役	九州商業銀行取締役
千田一十郎			取締役	
太田黒哲堂			取締役	

（出典）熊本電灯「営業報告」ほか（『熊本新聞』広告）。『日本全国諸会社役員録』各年

第３図　明治中期のわが国大企業ベスト10の状況

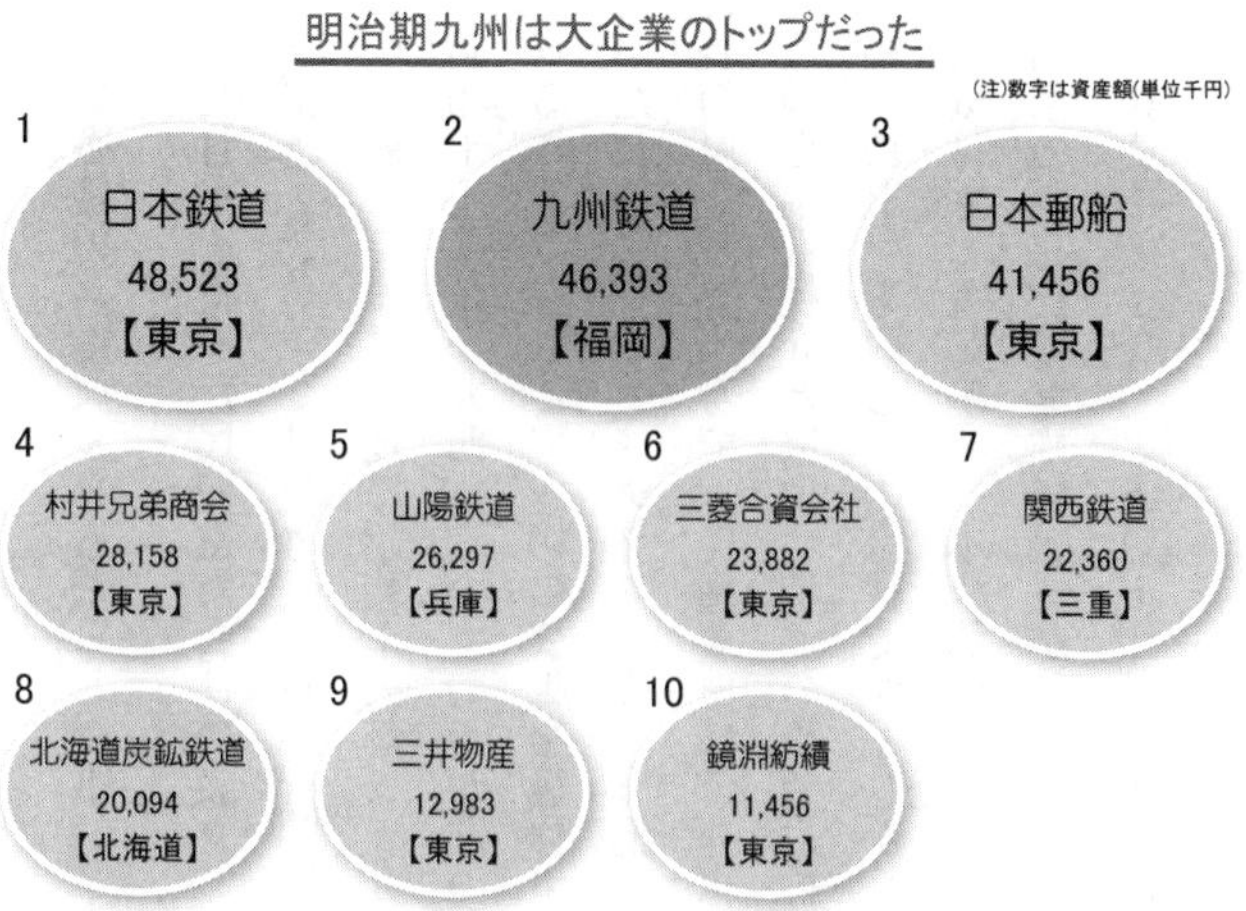

第二章　敗戦後の高度成長をもたらした電気革命

〔一〕戦後日本を救った民間電力会社の設立

《電力の鬼》などという表現で、戦後の歴史の中に登場する松永安左ヱ門は、戦前わが国の軍国主義が高まり、遂に昭和十三年（一九三八）に国家総動員法が出来たのをきっかけに、昭和十六年（一九四一）全てのわが国の電気の生産供給と流通販売設備が国有・国営化されることになると、一切の公職を離れ伊豆に引き籠りました。その様子は、小島直己が書いた長編のドキュメンタリー風の小説に詳しく紹介されています。

彼は長崎県壱岐の出身で、慶應義塾に学び福沢諭吉の謦咳に接しながら、同時に諭吉の養子になった福沢桃介と協力し種々の事業に挑戦しました。福岡市内を走った最初の市街電車「福博鉄道」を興したのも彼です。しかしこうした経験を経て、最後には《電気》の重要性に気付き、電気事業を本格的に日本に興した第一人者になっていきます。彼が上記の軍事国家の国有化の実施に嫌気がさし、全ての事業に携わることをやめるまで、電気の生産から販売まで少なくとも百五十社以上の経営事業に、携わっていたというのは事実です。

その歴史的経験が、先ほどの敗戦で日本が立ち上がろうとする時に活かされることになりました。まさか、安左ヱ門がそこまで計算していたとは思えませんが、偶然にも電力会社の首脳たちが殆ど公職追放に遭い、リーダー的な人物がいなくなっていた時、早くから引退していた松永だけは追放を免れていました。このため彼は、戦後の電気事業体制を再建する第一人者の役割を担うことになったのです。

彼は戦前の長い間、自ら多くの電力会社の事業経営を経験してきていたことから、電気事業の建て直しに、一つの信念を持っていました。それは日本における電気事業体制は一般の事業と違って、もちろん競争の無い国営や公営では駄目だし、また市場に全てを任せるやり方では旨く運営出来ないと考えました。

その上で、彼が考えた基本的な結論は、以下の四点でした。

第一に民間事業であること

第二に疲弊した時代には、地方地域が中心になる必要があること

第三に他の商品とは違い、電気の売買が瞬時に行われる商品であることから、生産から販売まで一貫した責任体制を重視する必要があること

第四に電気料金は必要な原価を積み上げた上、総括のコストを出しそれを消費する相手

別に分割負担するという安定料金を取ること

以上の方針を基本に決め、政府に答申しました。

しかし、一方では公益事業である電力会社は全国を纏めて、しかも国家が経営に直接関与出来る仕組みにする必要があるという意見も出てきました。このため、簡単に松永の戦略方針通りにはいかなくなったのです。

そこで思案した松永は、自分の戦略が挫折してはこれからの日本の建て直しに禍根を残すと深慮しました。深慮しかつ早急に彼は、重要な戦術を考えました。法律の策定に当たって、ポツダム政令という特別権限を持ち出したのです。これで、一挙に自らの案を通す勝負をすることにしました。すなわち緊急かつ重要な方針を打ち出すために実施される、先ほどの連合軍総司令部が発する《ポツダム政令》を利用したのです。こうして、昭和二十六年（一九五一）五月一日の政令で、戦後の新たなわが国の電気事業体制が出来上がりました。

この効果は極めて大きく、間違いなく日本がその後足早に高度成長していくための、原動力となって行ったのです。もちろん、戦後の十年間すなわち昭和三十年頃までは戦禍で疲弊した発電所や送電線や変電所、それに家庭や事業所に電気を送る配電線などを復旧して、停電を無くすことなどに力を注ぎました。何といっても電気は、一瞬にして届かなければ使用できないので、責任を持って地域全体を見守る必要があります。そこで、地域別の特殊性を把握し機動力を活かせる系統一貫の電気事業体制が、極めて役に立ったことはいうまでもありません。第二編で詳しく説明しますが、電気は一秒間に地球を七・五回回る速さで消費されるエネルギーです。従って、電気を消費者がスイッチを入れる（使用したいと）要請をすると、発電所（生産者）は即座に発電して、送電線に「電気を送れ」と命令します。送電線というのは、発電所の命令を忠実に守り、命令通りに動く「兵隊」でなければなりません。勝手に切り離して行動する独立部隊では困るのです。このことを、長年の経験から松永安左ヱ門は熟知していたのです。この基本は、現在でも全く変わることは無いと考えられます。

〔二〕地域分割、発送電一貫体制の必要性

この優れたわが国の系統一貫の電気事業体制を、三・一一危機を契機に早々に壊してしまおうとする動きが強く出てきております。このような歴史の検証をじっくりしないでは、これからの国づくりにとって誠に危険なことです。

今でも、世界一信頼度の高い電気の供給をすることが可能なのは、正に特定地域における発送配電の系統一貫体制が取れているからです。年間の停電回数が、せいぜい一日の何分の一かというわが国と、ヨーロッパやアメリカといった文明国でも二桁ぐらい停電の多い状況は、とても比較になりません。そのくらい安心なのは、一つの会社ないし企業が発電から販売までを責任を持って運営しているからです。

今日のようにそれこそ、二十四時間体制でグローバルに情報が行き交いし、瞬時の情報遮断も許されない世の中においては、電気の流通を市場経済の商品（コモディティ）の対象と考えることは問題があると思います。また、そうした言ってみれば、数時間ごとの電気の売り買いの変動を、株式の取引に擬してバーチャルな市場で取引をすること自体、一種の賭博行為を助長するようなものであって、決してコスト削減とか、或いはクリーンでかつグリーンな電気の付加価値は、そこからは一切発生しないでしょう。松永が今生きていて、こうしたことを知ったら、とても失礼な言い方ですが「バカ者、恥を知れ」と一喝することでしょう。自然エネルギーや再生可能エネルギーの開発は、大変重要でありますが、そのために長年歴史的に積み重ねてきた日本の良い仕組みを変える必要は、全くありません。この点は、次の第二編で「電気の経済理論を踏まえて、実例を引きながら正論を展開しております。

改めて述べますが、これからの世の中でもっとも大きな課題は、市場経済の行き過ぎで貧富の格差が拡大し、貧困がなくならないことをどう解決するかということです。それは、少々経済理論的に述べますと、ケインズがすでに八十年前の世界大恐慌を踏まえて著した『貨幣論』の中で指摘して以来のことですが、貨幣制度が自由市場取引をもたらす、まさに経済的混乱という「不確実性」の発生です。電気のような生活や産業の基本財である送電や配電網を利用して、情報通信事業などの市場を創り、情報のやり取りで人間の欲望を駆り立てるのは、正に複雑な金融の仕組みとバーチャルなソフト情報網を利用してそうした事業で大金持ちになる一握りの人たちであり、無数の貧困者を作っている社会のゆがみを解決する手段には、決してならないのです。その果てに社会の混乱が激しくなり収集がつかなくなると国家の強制手段で、世論の批判を治めるようになります。今現在の事態は、そうした道を日本が歩もうとしているということです。原子力発電所を何が何でも無くしてしまい、国土条件や地勢を無視して、設備の利用率がどんなに頑張っても一～二割にしかならない自然エネルギーに変えようというのですから、全くおかしいと思いませんか。

むしろ電気の利用が、わが国の基本構造を作り国力を維持し高めてきた歴史を、十分に検証しながらこれからの安定的な電気事業体制を維持していくべきだと考えます。なお、今回の大地震と津波のため、大変な被害が発生した問題については、これも後ほど詳しく触れたいと思います。

以下もう少し、戦後の電気事業の活動状況について説明します。

第三章　オイルショックを救った原子力発電の積極導入

〔一〕原子力が無ければ中小企業は潰れる

ご存知でしょうか、今から約四十年前に第二次中東戦争が起き、石油の輸出国で作っているOPEC（石油輸出国機構）という組織が、原油の価格が水よりも安いというのは間違っている、もっと値段を上げるか、それとも石油採掘の利権をわれわれに返してくれと言い出しました。石油採掘の利権は、先進諸国がかつて中東諸国を植民地とした時から彼らの特権として持っているものです。それを返して貰いたいという要請が出てくるのは時間の問題だったのです。その頃、特に中東諸国を中心に、また世界中で石油の大幅な埋蔵資源があることが確認され、サウジアラビアやイランやクウェートだけでなく、イラクやリビアやカタールそれにアラブ首長国連邦などからも、どんどん石油が産出されるようになったのです。そうした状況を踏まえて、当時巨大な石油メジャーといわれた多国籍企業の顧問をしていたMIT（マサチューセッツ工科大学）のモリス・エーデルマンという教授が、最早原油価格はバーレル当たり一ドル以下になると主張する状況でした。

このため、そうしたことに反発して、石油を産出する国々が値段を上げるために結束し始めたというのが、歴史的な事実です。先ほどのように値段を上げるか利権を返さなければ、「今後一斉に先進国には石油を売らない《禁輸措置》を取る」と宣言したのが、中東戦争の始まりでした。禁輸されては、困ります。

結果は、産油国政府の要請どおり、石油価格が結果的に大幅に上昇したのです。わが国の電力会社は、石油資源を大量に輸入し、それを燃料源に火力発電所は電気を生産し、家庭や工場や事務所に供給しているわけですから、電気料金は当然に高騰していきました。

すなわち当時わが国は、七割以上の輸入石油を中東のサウジアラビア、イラン、イラク、クウェート、アラブ首長国連邦などに頼っていました。それが禁輸されたら、大変なことになります。結局は先ほど述べたように、石油の値段を上げることで折り合うことになりましたが、これまた異常なことが起こったのです。

それまで、一バーレル当たり一ドルか二ドルだった石油の値段が、一挙に七、八倍に上がったのだから大変なことでした。最後は、数年間で三十倍近くに上昇しました。バーレルというのは、樽のことです。石油を売るのに樽を単位として、値段を決めていたので、それが石油価格の単位になったというわけです。

当然、殆どの商品が石油を使っているわけですから、いろいろな商品が一斉に値上げになりました。トイレットペーパーも値上げされ、或いは品切れになるという噂が流れて、大騒ぎになりました。当然電気は、石油を使って発電しているので、電気料金も大幅に値上げされます。インフレも発生しますので、賃金も値上げせざるを得なくなる。そういうことで、資金力を含め体力のある大企業はともかくも、中小企業はあらゆるコストが嵩んで持たなくなります。

こうして、自主原油の開発が叫ばれ、石油を備蓄しいざという時にわが国が困らないように、国家備蓄が少なくとも五十日分は必要であり、民間の備蓄三十五日と併せて八十五日。これでは足りないので、もう五十日分ぐらいは必要だろう。至急その予算を組むべしということになったのです。同時に、エネルギー使用の節約や省エネルギーが日常的な合言葉になったのは、この時からです。石油だけでなく、石炭ももっと確保する必要がある、日本の商社に積極的に協力してもらおうというのです。

その上で、さらに世論が巻き起こります。石油を大量に使っていたのでは、わが国は危ない。《脱石油》ということが、大きな課題になったのです。脱石油の代替は何か。それが《原子力の推進》だったのです。

「原子力が無ければ資源を持たない日本はＯＰＥＣが禁輸すると、何も出来なくなるのでやがて潰れる。しかし、最初に潰れるのは資金力の乏しい中小企業だ。中小企業を助けるためには、早急に原子力発電を進めなければならない」

これは、この当時の政府の一致した意見であり、もちろん経団連も商工会議所も、また経済同友会もまた労働組合までもが、こぞってその必要性を訴えたわけです。反対の声はむしろごく少数で、みんながもっと、原子力発電所を早急に造ることを要望しました。

その当時、原子力発電所は関西電力と東京電力などが、数箇所に立地していただけでした。地球環境問題なども、まだ世の中で騒がれていなかった時代でしたので、むしろ公害問題を克服出来れば、石油や天然ガスや石炭を使った火力発電所と原子力発電所の電気の価格は、あまり変わらないという状況でしたから、原子力発電所がそれほど注目される状態ではなかったのです。

ところが先ほどのように正に、ＯＰＥＣが大幅な石油価格の値上げをしてきたために、原子力の平和利用が改めて国民のコンセンサスとして、正面から求められ、原子力発電所の建設が国民的要望として出てきたのです。

〔二〕経済成長を支えた原子力発電

しかも、その頃、米国のスリーマイル島で、原子力発電所の事故が起こったため、なかなか原子力の立地を了承してくれる自治体は簡単には見つかりませんでした。

特に、首都圏の関東地方は最も中小企業も集中しており、電気を必要とするにもかかわらず、了解をしてくれる自治体は皆無でした。

しかし、上述の通り、状況はオイルショックによって原子力発電に対する全く違った評価になったのです。

参考までに、石油価格の国際的な値上げ状況を、第４図に示しておきました。これは、中東のサウジアラビアから輸出されている代表的なアラビアンライトという原油の輸出価格の推移を示したものです。ご覧の通り、昭和四十八年（一九七三）十月六日に勃発した第四次中東戦争（日本では第一次石油危機と呼ぶ）をきっかけに、原油価格が上昇し出した様子が見て取れます。昭和五十四年（一九七九）頃からさらに上昇し始め、（日本では、これを第二次石油危機と呼ぶ）バーレル当たり一ドルか二ドルだった原油が、遂に四十倍の四十ドルになりそうな状況となっています。

こうしてわが国は、地方自治体や経済界、そしてメーカー各社と協力して、積極的に原子力発電所を建設していきました。第5図は、その原子力発電所の建設状況を表しております。ご覧の通り、昭和五十年代（一九七五〜一九八五）の十年間に、東京電力が八基、関西電力が六基、日本原子力発電と東北電力が各一基ずつ、合計二十四基が運転を開始しています。それ以前に運転を開始していた六基と併せて、三十基一千八百四十八万五千KWの原子力発電所が運転を始めています。これは、現在の五十四基の約六割に当ります。すなわち、僅か十年以内にコストの安い原子力で作られた電気が安定的に供給され始め、家計と企業の経営をしっかり支えたわけです。

こうした努力の結果、電気料金は第6図の通り、原油価格が高止まりしているにもかかわらず、昭和六十年（一九八五）頃から徐々に値下がりし、一頃全国電気料金の平均価格で一キロワットアワー（KWH）当たり二十四円近くまで上昇していたものが、二年後には二十円を割りました。その後、原油価格（同じくアラビアンライト）は平成二十年（二〇〇八）には、同じく第3図で見るとおり何とバーレル当たり一三四・〇九一ドルまで上昇したりしました。しかし、わが国は原子力の導入によって、（平成二十年の原油一三四ドルという異常な上昇の際だけ十七円台になりましたが）むしろ下落傾向が続き、KWH当たり15円台の価格になっています。

ところが三・一一後、政府は原子力依存から大きく転換する方向を示しております。しかも、将来の廃炉費用や事故を起こした原発の処理費用まで全部原子力発電のコストに上乗せして、試算した発電コストの比較で、殆ど石炭火力並みになったので、原子力の優位性は薄れたと喧伝しております（第四編の第12図参照）。だがそれは、今すぐにそうなるということでは全くありません。また地域地方の事情も大きく異なるのに、全部の電力会社を一律に判断することさえ問題なのです。

さらに大変重要なことは、以上のような話には原子力発電の代替として、太陽光や風力さらには地熱などの自然エネルギー、ならびにバイオマスなどの再生可能エネルギーを、大量に導入しようとしている点ですが、その是否を判断する場合は、客観的なデータに基づいて考えてみる必要があるということです。例えば、一般の工場を想像して頂ければお分かりになるかと思いますが、どんなに頑張っても日本の気象条件の下では、稼働率が僅かに十数パーセントに過ぎない太陽光発電や風力発電に対し、八十パーセント以上にもなる原子力発電を考えれば、どちらが経済的かは明白です。原子力発電のコストに近づけようとして、自然エネルギーの導入をスムーズに行うためにという理由で、無理矢理に発送電分離を進め電力事業体制を改めることにしたとしても、この稼働率二十パーセント以下が二倍にもなるということは絶対に起きないのです。そうしたことが如何に問題かは、第三編で詳しく述べております。それに大変重要なことは、原子力発電を止めると日本だけの問題ではなく、世界全体に影響をおよぼすＣＯ２を大量に発生する石油、石炭、天然ガスといった化石燃料を大部分使わざる得ないということです。人類全体の課題に少なくとも当面は、貢献出来ないどころか、悪影響を及ぼすということです。三・一一のショックから逃げないで、もう一度総括して二十一世紀型のクリーンエネルギー国家の戦略的構築とは、一体どういうことかを以下の編では改めて説明します。

第４図　国際石油価格の変動状況

（アラビアンライト原油価格の長期的推移）

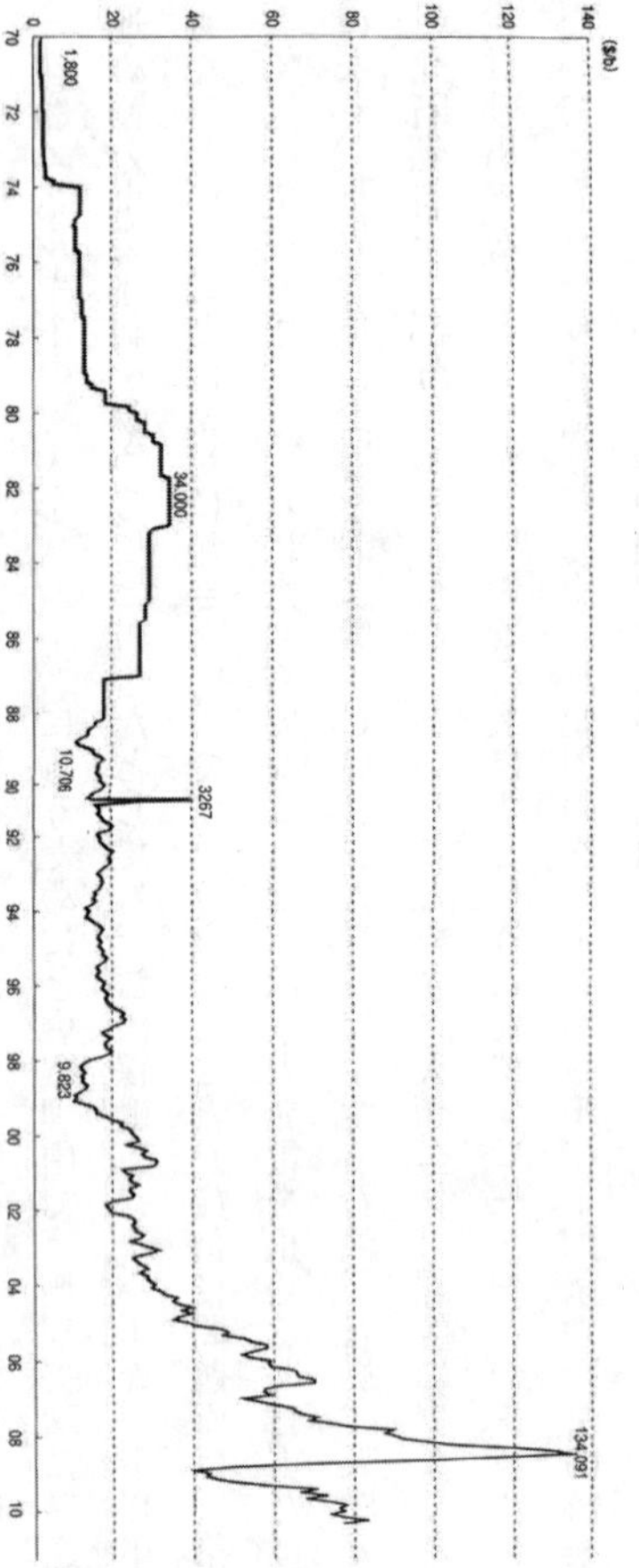

第５図　わが国原子力発電所建設(遅開)の時系列図

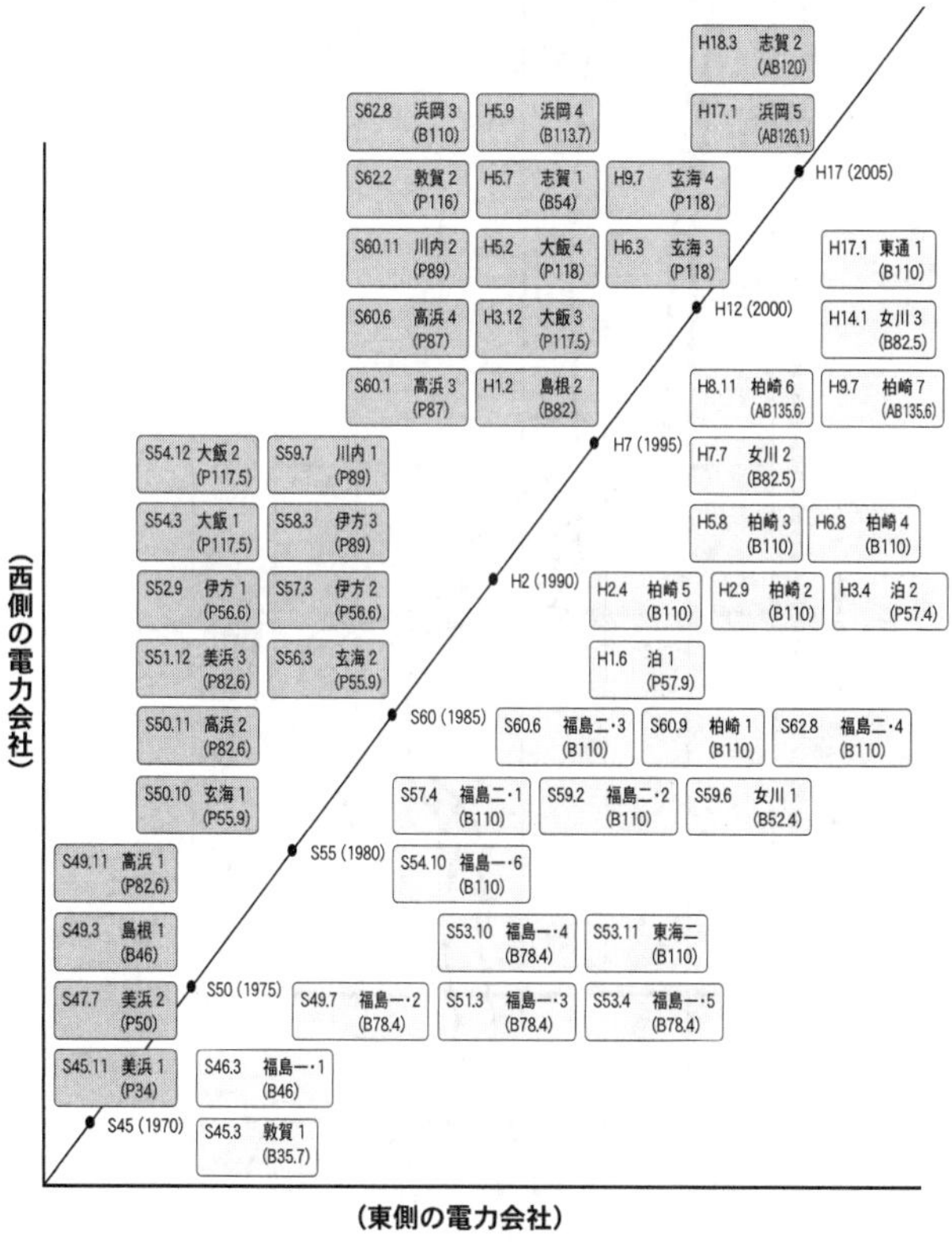

H18.3 志賀2 (AB120)
S62.8 浜岡3 (B110)
H5.9 浜岡4 (B113.7)
H17.1 浜岡5 (AB126.1)
S62.2 敦賀2 (P116)
H5.7 志賀1 (B54)
H9.7 玄海4 (P118)
H17 (2005)
S60.11 川内2 (P89)
H5.2 大飯4 (P118)
H6.3 玄海3 (P118)
H17.1 東通1 (B110)
S60.6 高浜4 (P87)
H3.12 大飯3 (P117.5)
H12 (2000)
H14.1 女川3 (B82.5)
S60.1 高浜3 (P87)
H1.2 島根2 (B82)
H8.11 柏崎6 (AB135.6)
H9.7 柏崎7 (AB135.6)
S54.12 大飯2 (P117.5)
S59.7 川内1 (P89)
H7 (1995)
H7.7 女川2 (B82.5)
S54.3 大飯1 (P117.5)
S58.3 伊方3 (P89)
H5.8 柏崎3 (B110)
H6.8 柏崎4 (B110)
S52.9 伊方1 (P56.6)
S57.3 伊方2 (P56.6)
H2 (1990)
H2.4 柏崎5 (B110)
H2.9 柏崎2 (B110)
H3.4 泊2 (P57.4)
S51.12 美浜3 (P82.6)
S56.3 玄海2 (P55.9)
H1.6 泊1 (P57.9)
S50.11 高浜2 (P82.6)
S60 (1985)
S60.6 福島二・3 (B110)
S60.9 柏崎1 (B110)
S62.8 福島二・4 (B110)
S50.10 玄海1 (P55.9)
S57.4 福島二・1 (B110)
S59.2 福島二・2 (B110)
S59.6 女川1 (B52.4)
S49.11 高浜1 (P82.6)
S55 (1980)
S54.10 福島一・6 (B110)
S49.3 島根1 (B46)
S53.10 福島一・4 (B78.4)
S53.11 東海二 (B110)
S47.7 美浜2 (P50)
S50 (1975)
S49.7 福島一・2 (B78.4)
S51.3 福島一・3 (B78.4)
S53.4 福島一・5 (B78.4)
S45.11 美浜1 (P34)
S46.3 福島一・1 (B46)
S45 (1970)
S45.3 敦賀1 (B35.7)
(西側の電力会社)
(東側の電力会社)

第６図　一般電気事業者の電気料金の推移(昭和26年度～平成22年度)

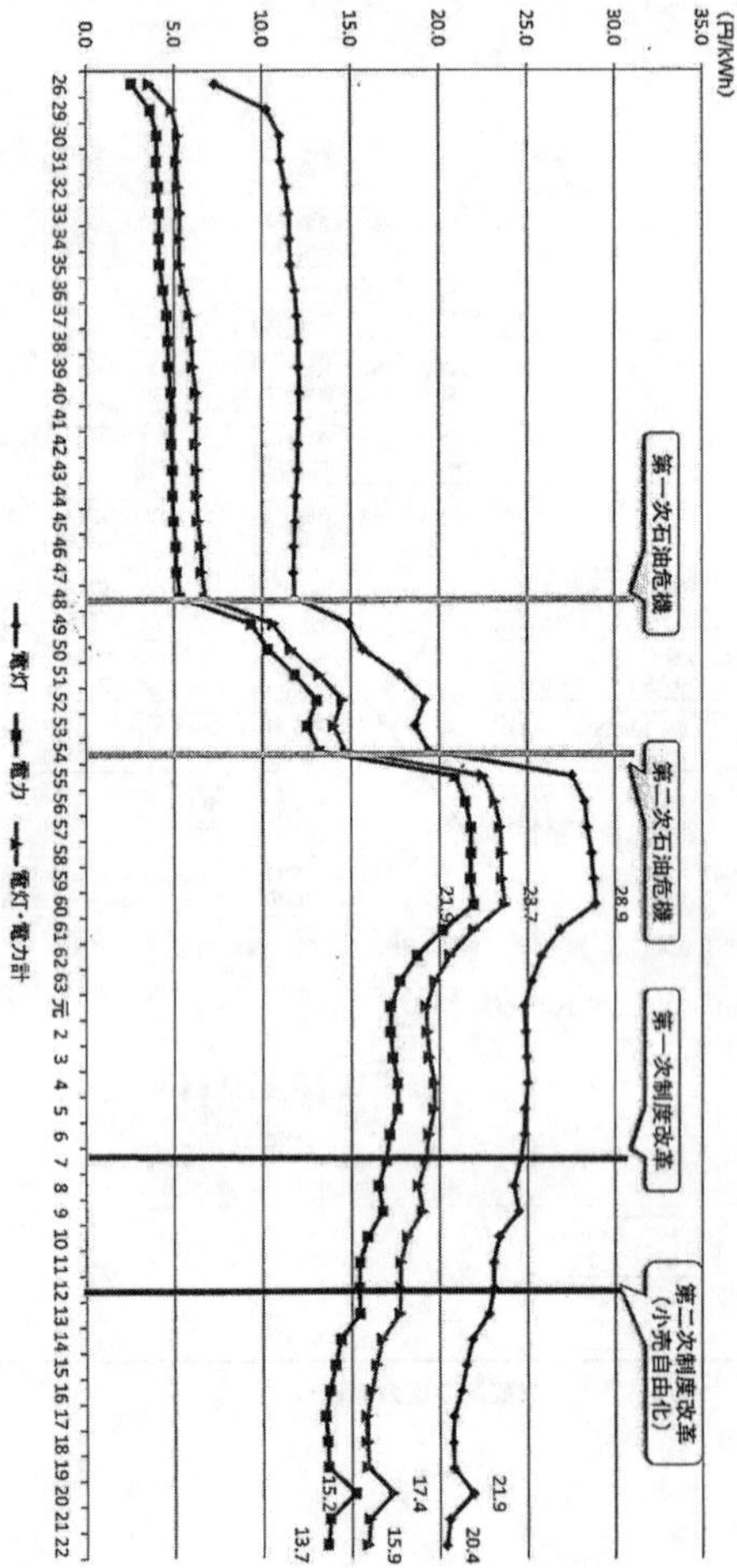

第二編　電力供給の制度設計

第一章　商品としての電気

〔一〕電気の生産と輸送

電気という商品がいかに特殊な性格を持っているかを理解することが、電力産業の供給システムを考えるときに決定的に大事です。人々が商品を入手するとき、どのような流通経路が用意されているでしょうか。われわれはスーパーマーケット、コンビニ、個人商店、通販などといったルートを思い浮べます。このとき商品とは店内に陳列されているか、カタログやネットのサイトで見ることができるものです。すなわち商品はいつでも静止した状態で購入されるのを待っています。これは当り前の事かもしれませんが、「電気」を購入するというプロセスと比較する上で極めて重大な認識となります。というのは電気は買手を流通経路上でいつまでも待っている訳ではないからです。何故そうなるか理解するには電気がどのようにして出来るかというプロセスを知る必要があります。しかしこの事自体が外の商品と比べて奇妙なことです。われわれが商品を買うときそれがどのようにして出来るのかについて、特定のマニアを除けば、誰も関心を払いません。商品は眼前にあるか、カタログ等で確かめて、あるものを買うというのが購入の通常のパターンです。

さて電気は物理学の法則によって電子の飛び出しが起こることで「生産」されます。つまり動いている電子を利用するという仕組みです。一方、上述した通常の商品とは、もはや運動することがない素材から出来ています。少し見方を変えると、店頭に並んでいる商品の大半は「死に体」です。水槽で泳いでいる魚は生きているかもしれませんがそれを食するときは「死に体」にする必要があります。ところが電気は消費される直前まで「生き体」です。そして造られる（発電される）と同時にそれを消費しないと、電気は消滅してしまうという物理の世界にあります。このことが電気の生産からその消費までを一貫した送電網と配電網という流通経路に依存せざるをえないものとしています。

ここで議論を明確にするために乾電池や蓄電池をとりあげておきましょう。これらの商品では化学的に電気は中に閉じ込められているので、必要となった時、取り出して使うことができます。その意味では一般の商品に近く、店内に陳列することができます。もし将来これらが安全で安価となり、取り扱い易くなれば電気も一般商品の仲間入りすることも考えられます。しかし人々が電気をどのようにして使っているかを考えて見れば、これは簡単に実現できるとは思えません。何故ならわれわれは日常生活のあらゆる側面でいつでも瞬時に電気を取り出せること（つまりパワーを得ること）を前提として生きているからです。これを可能にしているのがコンセントです。コンセントは電気の取り出し口ですから、「蛇口」と呼んだ方が汎用性があるでしょう。この蛇口からコードで結ばれたスウィッチを前提として日常生活は成り立っています。

すなわち電気はあらゆる消費・生産活動の原点です。電気なしではすべての経済活動が破綻してしまうような社会システムの中でわれわれは生活しています。これを消費者あるいは企業の観点から見ますと、1日24時間いかなる時間帯でも電気が利用可能でなければならないことを意味し、電力会社の観点からすればそのような需要にスタンバイしていなければならないことを意味します。再び一般の商品との比喩で言えば、一般の商品はそれが「死に体」で店舗に横たわっている事でスタンバイしているのに等しい。つまり生産は既に終っていて、貯蔵あるいは在庫という形で市場に存在しています。ところが電気はユーザの利用が発生するごとに新規に生産しなければならないという物理的な宿命を負っています。

このことから電力会社は注文に応じて生産するという特殊なビジネスの形態をとります。ただしここでピークとオフピークという需要の2形態があることに注意せねばなりません。電力の消費は国レベルの巨大な規模でなされるので平均してみると、需要が特に集中する時期とそうでない時期とに分かれます。夏場や冬場は気候条件によって需要が集中することもありますが、平時にはその何割かの需要の水準にあります。前者をピーク時の需要、後者をオフピーク時の需要と呼びます。しかし電気は生活に不可欠なのでピーク時にあってもユーザの要請には答えなければなりません。このような需要の変動に対して発電がつねに過不足なく対応するには、ユーザの需要を推測しその変動に速やかに対応できる発電のシステムを設計しておく必要があります。これらのシステムを簡略化して図示したのが図―1と図―2です。

図―1は発電から配電までの垂直統合された一貫システムを示しており、図―2はネットワーク構造を持つ産業に共通したハブ・アンド・スポークのシステムを示したものです。

まず図―1を説明しましょう。電気のユーザはいずれも蛇口の所で電力線によって電力供給システムとつながっています。生産された電気を送ってくる（dispatch）のが送・配電網であり、これが一般の生産・消費システムでの流通にあたります。電気の特徴はユーザが流通プロセスでショッピングをすることはできずコンセント部分で電力会社に連結されていることです。この点が後に述べる自由化の論点にかかわって来ます。そし

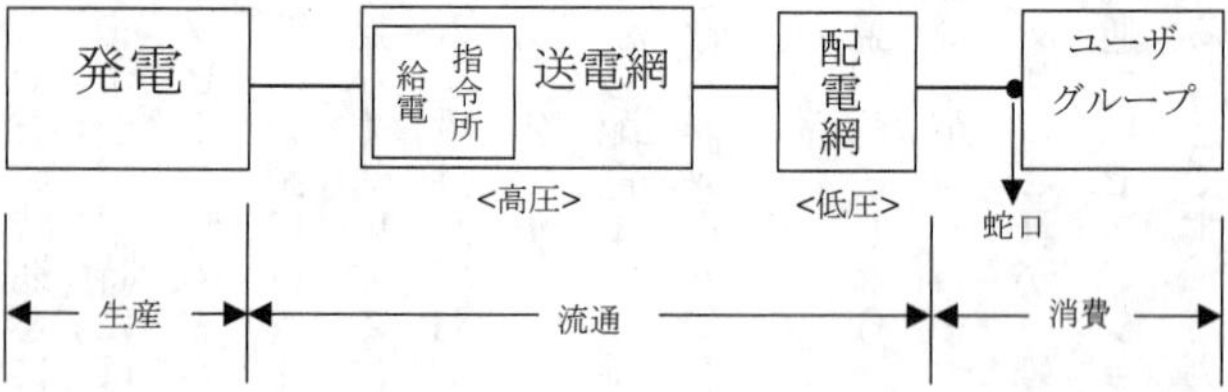
発電
給電
指令所
送電網
配
電
網
ユーザ
グループ
<高圧>
<低圧>
蛇口
生産
流通
消費

図―1

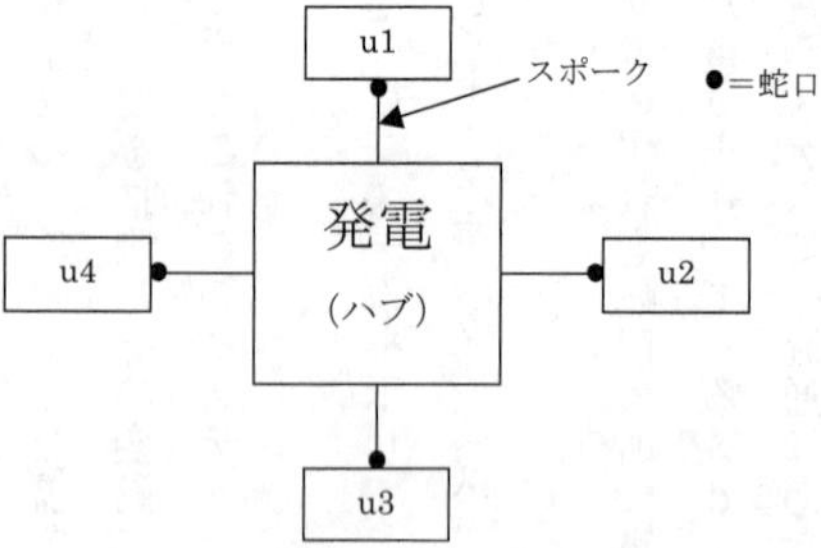
u1
スポーク
●＝蛇口
発電
(ハブ)
u4
u2
u3

図―2

て電気は生産されると同時に消滅しますから、ユーザの需要に合うような生産を指示するための給電指令所が必要です。発電所は給電指令に従って遅滞なく発電しあるいは不要のときは停止します。この給電指令と発電の関係は一般のメーカーで言えば流通部門から工場へ生産命令が下るのと同じです。しかし例えば部品の組み立てを行う工場は一刻を争うと言っても1秒単位で消費者のニードに対応している訳ではありません。一方電力会社の場合には、正に一秒単位の作業が必要となります。つまり電力供給の現場では命令と服従という関係が速やかに実行されなければなりません。そしてこのような事は、同一の電力企業の中だから支障なく行われるのです。垂直統合というシステムは機能的な意味での命令と服従の関係をビルト・インしているシステムです。これは発送電分離という後で述べる政策論と密接に結びついています。

図―2はハブ・アンド・スポークと呼ばれるネットワークを電力供給について描いたものです。わかりやすいハブとスポークの関係は航空や鉄道で典型的に見られます。しかし電力では外見上に類似していても本質的に異なる点があります。電力の場合にはスポークは送配電線であり、ユーザとの接点で蛇口つまりコンセントがあります。そしてハブから電力が一方的にユーザに流れるというシステムがこれまでの姿でした。この点で最近重視され始めているスマートグリッドの形態はハブ・アンド・スポークで見ればわかりやすい。すなわちユーザ1からユーザ4まではこれまでのシステムではハブから電気の供給を片方向で受けるのみでしたが、太陽光発電の買取制度によってユーザからハブへ向って電気が流れることになります。したがって電力供給システムを論ずるときには、図―2のタイプのネットワークを見ることが有用となります。

さて図―1について、生産と流通とに分けて産業組織の特性を分析してみましょう。流通つまり送・配電部分については、規模の経済性が強く働くことが明白です。発電された電気を超高圧で大量に送ることが送電ロスを少なくするとともに、2重投資のロスを回避できるからです。さらに配電部分については、各ユーザまでの配電線を2重に作ることのロスが回避できます。そこで流通の部分は独占性が強く特に「自然独占」というステイタスで考えることもあります。

したがって電力産業では流通部門のステイタスがその他の産業と根本的に異なることがわかります。一般の産業では流通業は競争的で消費者にどこで買うかの選択権があります。一方電気は送配電網という物理的に巨大な装置が流通の根幹を占めています。しかし垂直統合されていて蛇口が一つだからと言って消費者は唯一の電力会社に縛られるという訳ではありません。消費者がどの電力会社から電気を買うかとか、自然エネルギー由来の電気を買うとかのチョイスはあり得ます。とは言え、蛇口は1つしかないという特徴に変わりはないのです。

〔二〕社会的基本財の性格

電力は商品として市場で購入できるとは言え、市場経済システムの中では特殊な地位にあります。私的所有権や基本的自由を前提とする資本主義経済で、人々が公平に幸福を追求できる前提としてジョン・ロールズ（John Rawls）は「正義論（A Theory of Justice）」で社会的基本財（social primary goods：以下基本財）の存在をあげました（注1）。ロールズの分析は最近注目されているサンデルの正義論の出発点をなすもので、広く経済学者もこれを社会的厚生（social welfare）あるいは厚生経済学（welfare economics）の基礎に置いています。基本財とは人々が消費を行う上で公平に利用可能でなければならないものです。市場経済では価格を支払わなければ消費はできませんが、この中で価格の水準によって誰かが利用不可能になることがあってはならない財やサービスを基本財と呼びます。言い換えれば交換よりも分配の公平が重視されるものがこれにあたります。具体的には医療や教育、治安の安全などがあり、電気もこの一つです。現代の生活では電気なしには医療・教育・治安維持もできませんから、電気はもっともベーシックなものということができます。猛暑や厳冬期に一部の人々は貧しいが故に高価格の電気を購入できないということはあってはならないというのが基本財としての電気への要請です。

さらにアマルティア・セン（Amartya Sen）は基本財に加えてケイパビリティー（capability）という条件を提示しました（注2）。センによりますと単に物があるというだけでは、基本財は人々に公平性を保証しません。例えば電気があったとしても、スウィッチをひねるとか機器のプラグをコンセントに差し込むという知識がなければ電気は基本財の用をなしません。つまり基本財を個人の目的に応じて個人の能力に変換する前提となるのがケイパビリティです。電気は個人が「話すこと」「読むこと」「食べること」などの機能を実現する手段であることは明白です。

したがって発送電を分離し、オークションにより高価格を強制することで一部の消費者を消費から排除するというような考え方はロールズやセンの意味で「正義」の原則に悖るものと言わなければなりません。

第二章　発電の経済学

送配電部門に対して発電には発送電分離論者が無視ないし軽視している複雑性が数多く存在します。ここでは主要なものについて順次説明していきましょう。

〔一〕規模の経済性

発電のプロセスは、燃料を用意してボイラーを沸騰させて蒸気をつくり、これをタービンに吹きつけて、ファンを回転させると電気ができるというものです。このプロセスではボイラーとタービンの容量が規模の経済性を発生させる主要な原因となります。体積から来る規模の経済性は半径の3乗で作用しますから、容量が大きければ大きいほど平均コストは低下します。しかし一つの発電所で一千万人の需要をまかなうというようなことは物理的に不可能なので、複数の発電所を建設してマルチ・オペレーションを行うのが基本です。つまり発電そのものには規模の経済性はあるが、独占になるような要素は存在しません。このマルチ・オペレーションは次の図で説明できます。

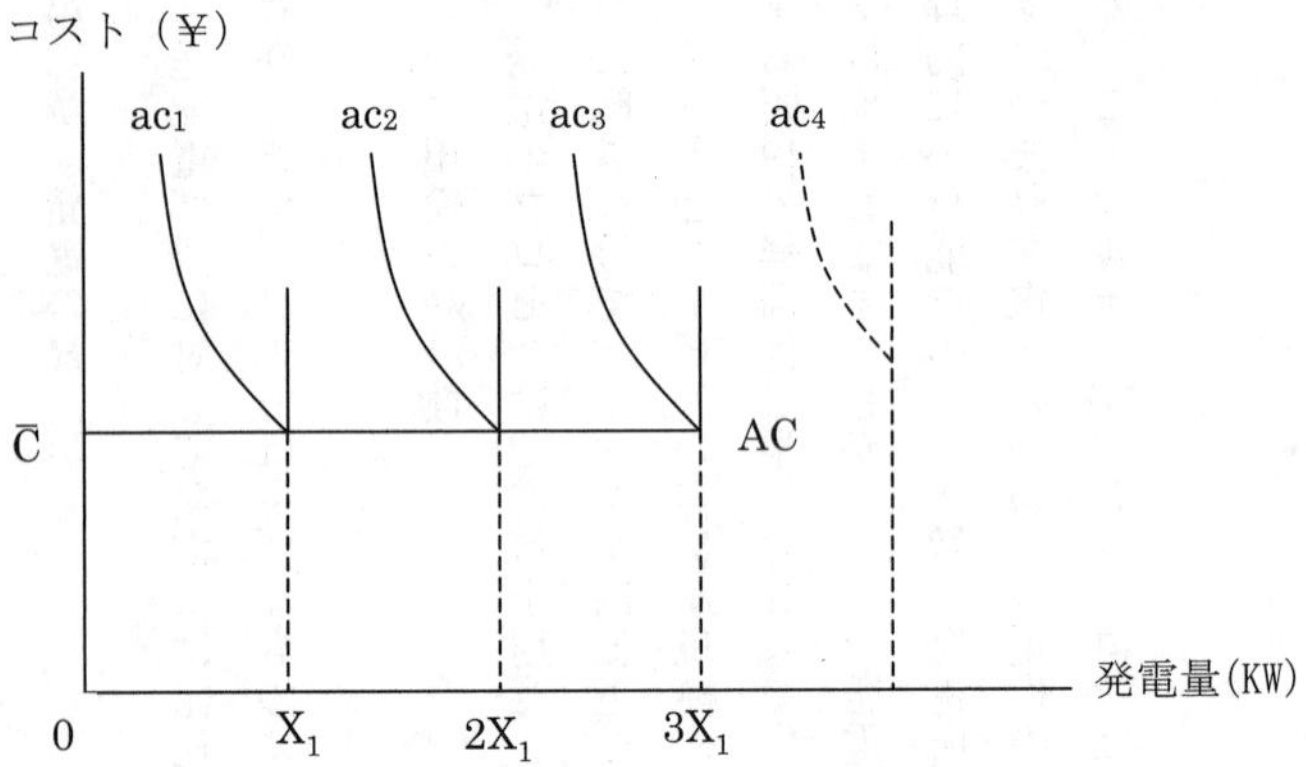
コスト（¥）
ac1
ac2
ac3
ac4
C̄
AC
発電量(KW)
0
X1
2X1
3X1

図—3

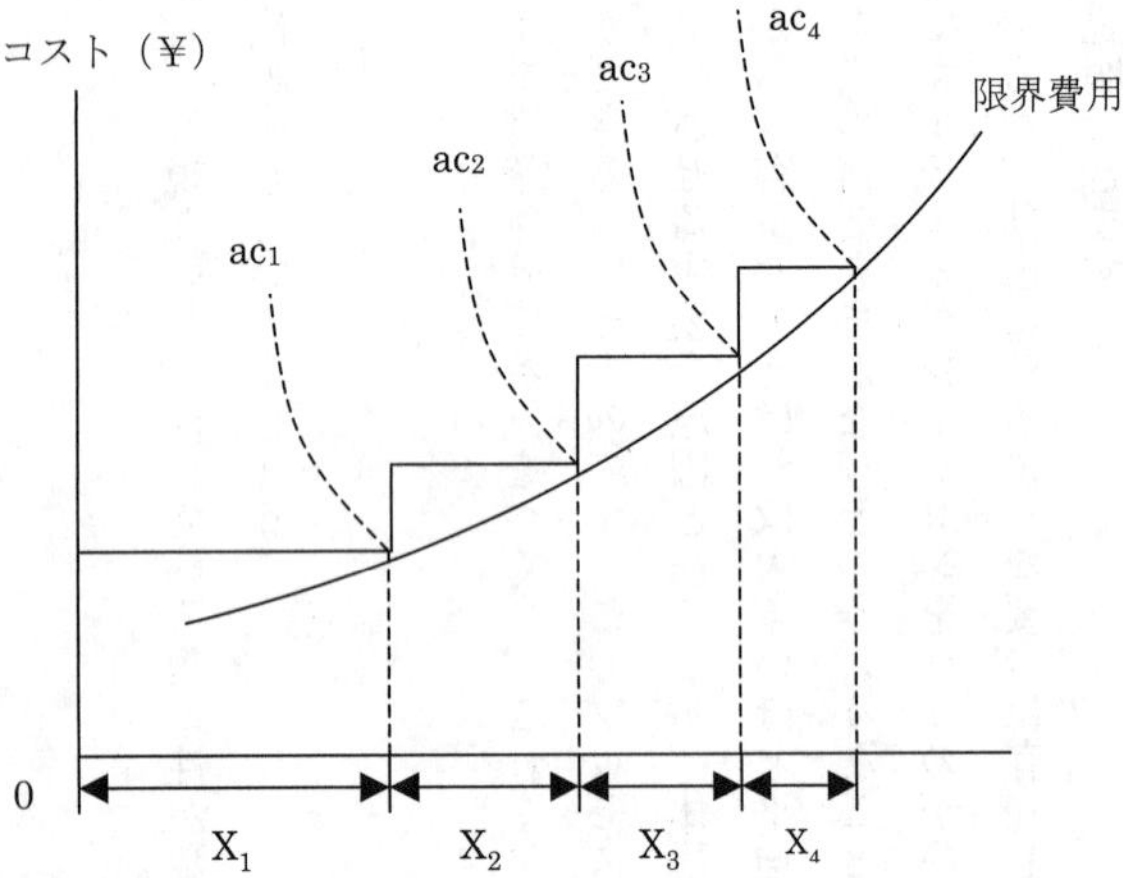
コスト（¥）
ac4
ac3
限界費用
ac2
ac1
0
X1
X2
X3
X4

図—4

図で横軸には発電量をとります。X_1はある発電所の発電容量です（例えば10万kWとする）。$2X_1$、$3X_1$はそれぞれX_1の2倍、3倍の発電量とします。発電について規模の経済性が働くので平均費用（発電単価）ac_1はX_1まで減少しますがここで容量の限界が来るとしましょう（$\bar{C}$が最低コストです）。同じく次の発電所についても$2X_1$、$3X_1$で規模の限界が来ます。つまり発電は最低のコスト$\bar{C}$でなされるように設計されています。そこで3基の発電所が同時に稼働すれば発電単価はこの$\bar{C}$になるのでac_1からac_3の最低点を結んだAC（つまり$\bar{C}$）が$3X_1$まで発電する単価となります。

以上からわかるように発電に規模の経済はありますがそれは発電所一基ごとに働くものです。ふつうは図—3の3基分の発電量を1基の発電所ですますことができる訳ではありません。

発電における技術革新があるとすれば（イ）acの最低点$\bar{C}$がより低くなりACが下方へシフトする（ロ）X_1という発電量よりも少ない発電量でコスト最低点が実現できる（ハ）（イ）と（ロ）の組み合わせでACが下がるというルートを通じてです。さらに（ニ）立地上の制約がなければ3基を1基にまとめてより低いコストの発電所が作られるという技術革新も考えられます。

〔二〕平均コストの階層性

規模の経済性が以上のような性格のものであるとすると、$\bar{C}$を実現できる発電所があれば、独立して1基のみの発電所を作って電気を売ることもできます。その条件はこの独立発電所の電気を送電してくれる送電線と送電網があることです。発電部門が独占でなく競争的であるという主張はこのような考え方に基づきます。さらに発電所相互はより複雑な構造をもち得ます。売るべき電気の価格が卸電力市場で変動するのであれば、ピーク時の高価格のときのみ売るというタイプの発電が可能となります。すなわち図―3のacの最低点$\bar{C}$よりもコストが高い発電所（図―3のac_4）もまた存続できるからです。あるいは3基の発電所を持っている会社があるとして、この会社はピーク時の供給のために$\bar{C}$よりも高コストの発電所ac_4を追加的に持つということもあり得ます。すなわち、電力の需要は平準化できず、需要はピークとオフピークがある―これは1日単位、1月単位、1年単位で起こる―とすれば、ピーク時に高コスト発電所で発電しても収支が合うなら、最低コストの違う発電所が併存します。このことから発電コストは前頁の図―4で示すことができます。

図では説明のために第1の発電所の発電容量X_1は第2の発電所の発電容量X_2よりも大きく、以下順次発電容量が少なくなり、規模の経済性が低下するので発電単価の$\bar{C}$が次第に上昇するということを仮定しています。acという曲線の最低点を結ぶと発電の限界費用が得られます。この図は電力産業の一つの特色を示すものです。通常の産業では平均費用がより高いプラント—たとえばac_1に対するac_2—は存在することができません。言うまでもなく、コスト競争に勝てないからです。ところが電力では図—4が常態であり、これは業界用語では順番に発電するという意味でメリット・オーダーと呼ばれます。何故コストの高いプラント（発電所）が存続できるのかは、電気の需要が時間と共に変動し、オフピーク、ミドル、ピークというように異なる需要に即座に対応できなければならないからです。例えばac_4の発電所は平時には活動しません。これはピーク時にのみ有用であり、コスト的にも収支つぐなうので存在しているのです。

このように発電という側面で電力には他の産業には存在しないコスト構造があることを十分に認識しておかねばなりません。後述する発送電分離—アンバンドリング論ではコスト構造に関する上述の認識が不足していたり、意図的に無視したり、あるいは歪曲した解釈を加えたりしていることが往々にしてあるからです。

第三章　発送電分離の社会的コスト

発電と送電部門の分離―アンバンドリング―が消費者にとって経済厚生を増大させるか否かをここでとりあげます。しかし順序としてまず枝葉末節を整理してから本題に入りましょう。

〔一〕ＥＵにおける発送電の分離

ＥＵではＥＵ指令に基づいて発送電の分離が強制されており、これが電力システムという形態の模範になるかのような論説があります。しかしこれは１９８０年代以降一時主流をなしたイデオロギー的な改革の結果に過ぎず今や意味のない議論です。１９７０年代から80年代にかけては、第2次世界大戦前後に成立した規制制度に対し厳しい見直しが行われました、市場メカニズムを否定したり、リプレースするような規制が果たして有効かという視点は時代を問わず社会的に必須のものです。しかし規制から競争への移行にあたっては、それぞれのコスト・ベネフィットが明示的に問わなければなりません。一つのよい事例を取り上げてみましょう。１９７８年にアメリカは Airline Deregulation Act という法律によって国内民間航空業の全面自由化に踏み切りました。航空業の料金、参入退出、航路などの規制は80年代にすべて撤廃されました。それから約30数年後アメリカの航空業はどのような産業に変わったでしょうか。ディレギュレーションは競争によって料金が低下するとともに、効率的なエアライン会社が相互に健全な競争を継続することを期待します。しかし現状では最大手であったユナイテッド航空が２００２年に会社更生法を、アメリカン航空が２０１１年に同じく会社更生法を申請しています。そして現在5社への市場集中が進みおよそ健全な競争とは程遠い状況にあります。この例は一端に過ぎず、ディレギュレーションのもたらしたものは寡占体制の再構築というケースが少なくありません。

電力産業についてみますと、第7章でくわしく見るように、アンバンドリング政策が採用されて以降ＥＵで電力料金が下落したというケースは一つもありません。さらに市場の集中度はほとんどの国で極めて高くなっていて競争とは程遠い状況です。またアメリカについてもアンバンドリングを実施した一部の州では、垂直統合を維持した州に比べ、料金上昇の傾向が著しく、下落した事例は一つもありません。

したがって外国でアンバンドリング政策がとられていてそれが有効な料金の値下げにつながるという証拠があれば別ですが、そのケースが見つからないというのでは、海外でアンバンドリング政策がとられているということにどれだけ意味があるか客観的な分析が必要です。

〔二〕発電部門による価格差別

発電が分離され、新しく発電会社が参入するとき、送電部門が旧来の電力会社によって独占されていると、参入企業は送電料金（託送料）において価格差別をされるので、送電部門は分離せねばならないという主張があります。確かに統合されていれば電力会社が自らの発電部門を優遇しようとするインセンティブは働くでしょう。これがフェアな競争を阻害することは自明ですから、送電会社が参入者を差別することのないように監視する必要があります。しかしこれから必ず送電を分離せねばならないという主張につながるのは論理の飛躍です。垂直統合を保ちながら有効な監視体制を作ることは可能です。もし参入企業が差別されていると考え、その証拠があるなら、これらの企業は速やかに法廷で争うことができるというシステムがなければならず、このシステムが不十分なら新しく補強するという選択肢を、垂直統合を分離するという選択肢と比較考量せねばなりません。すなわちここでは2つの選択肢のコスト・ベネフィットが重要で、海外では分離されているから日本でもそうすべきだというような論説はバランスを欠いていて一方的です。
次により本質的な問題をとりあげます。

〔三〕発電会社の性格

分離された後に参入する発電会社はどのような行動をとるか、参入のインセンティブは何か、について分離論者はひどく偏った解釈をしているようです。まず第一に分離された発電会社と送電会社とが協調ゲームを行う（つまりもたれ合う）ことはないというのが制度設計の出発点になります。参入企業の参入インセンティブは利潤以外にはありえないと仮定するは当然です。しかし電力システムの特性から発電は給電指令に忠実に従わなければなりません。では利潤を増大させる機会があるというのに必ず発電会社が指令に従うという行動がとられるでしょうか。平易な言い方をすれば、参入する発電会社は給電指令所の「兵隊」になるつもりで参入してくるでしょうか。

これを考えるのに先の図—4が役立ちます。通常の産業では先発企業に対抗するには図—4の最低コストac_1よりも低いコストで参入しなければ勝ち目はありません。しかし電力では事情が異なります。ピークとオフピークの差があるので、ピーク時の需要にのみ対応するような発電所をつくりそれが利潤を生み出すなら、参入のインセンティブが生じます。そこで例えば ac_4 のようなコスト構造でも参入は起こるのです。この企業は市況を測って最適なタイミングでつまり利潤が最大になるときにのみ発電したいと考えます。しかしこの最適なタイミングと送電側から見た給電指令とが一致する保障はどこにもありません。言い換えれば参入者はゲーム的に行動するし、それは利潤目的の企業として（あるいは株主から見ても）当然のことです。実際イギリスで最初にプール制が導入されたとき、もっとも大きな問題となったのは発電会社のゲーミングでした。もし発電会社がゲーム的に行動せず、給電指令と調和するような行動をとらせるように仕向けられるとしたら、発電会社は利潤を犠牲にしても給電指令に従うという枠組で考えねばなりません。分離論がこのようなことを想定しているとは考えられません。

〔四〕卸電力市場の性格

発電部門と送電部門のアンバンドリングによって何が変わるかについて、できるだけ単純化した形で考えてみましょう。現実の分離後の取引市場は複雑なので主要な点のみ取りあげます。第1にアンバンドリング後も送電と配電とは統合され一社であるとします。したがってこの会社が最終需要者と蛇口を通してつながっています。以下では統合された送配電会社を単に送電会社とか送電部門と呼びます。

第2に送電会社及びその他の電気事業者は発電会社から電力を仕入れてユーザに販売することになり、発電と送電との間に取引市場ができます。発電会社は電気をユーザに売るのではなく送電会社に売るので、この市場を卸電力市場と呼びます。一般の産業で言えば、アセンブリーメーカーが今までは部品を自社内で製造していたが、あるとき部品部門をすべて売却して、それ以降は他人である部品メーカーから部品を仕入れるようになることに対応します。部品メーカーは最終消費者に部品を売らないとすると、アセンブリーメーカーと部品メーカーとの取引市場は卸市場です。

第3に、かつて垂直統合された形態で発電部門に発電の指令をしていた給電指令所は送電会社から分離され独立の指令機関となります。これはＩＳＯ（Independent System Operator）と呼ばれます。ＩＳＯは送電会社から完全に独立しており、純粋に電力需給のバランスを毎時達成することを任務とした機関です。これは利潤を目的としない公共機関── non profit, public corporation ──と定義されます。

第4に卸電力市場は時間というフレームワークなしでは成り立ちません。垂直統合の形態では電力会社はユーザの需要に常にスタンバイしていて、注文があれば即座に出前するようなシステムでした。一部の独立電気事業者（IPP：Independent Power Producer）から電力を買うという卸市場はありましたが、これを除けば卸市場は存在せず、電力会社がユーザ（大企業から家庭まで）に電力を小売していた訳です。但し、小売といっても前述したようにスーパーから消費者が自ら選んで買ってくるというものではなく、蛇口から電気を取り込むという形です。

アンバンドリングによって送電会社に自前の電気はなくなるので、将来のユーザの需要動向を予測して必要なだけ仕入れなければなりません。電気の需要は気候条件やビジネスの諸事情によって絶えず変動しています。しかし、必要だからと言って、突然卸電力市場で電気の手当をすることはできません。そこで典型的なパターンとして卸電力需給は一日前市場、一時間前市場、リアルタイム市場という順序で需給調整しながら過不足の起こらないようにしています。一日前市場は実際に電力取引がなされる前日に電力の売手と買手がそれぞれ希望する価格と数量をＩＳＯに申告する仕組みです。

これによって一日前に電力の需給の大方がわかり、当日になってあたふたせずに済む訳です。しかし現実には当日になって過不足が起こるのは日常のことなので、取引開始予定時刻の一時間前に再び取引があります。そしてさらに取引が始まっても需給の不均衡が生じると、停電という非常事態に陥る可能性が生じるので、リアルタイムで取引がなされます。

以上のように垂直統合を廃止すると複雑な市場機構が必要となります。

さらにより長期的な観点からは将来の需要を見通して先物（先渡）取引がここに加わります。例えば半年後の需要について価格が上昇しそうだと予測する人は、今買入価格を契約しておけば本当に価格が上がったときに得をする訳です。しかしこの先物取引でも当日になって契約した電気が本当に手に入るかどうかはわかりません。予約がなされているだけなので、もし電気が調達できなければ上述したような形で調整が必要です。

一方大口の需要家の中には、卸電力市場で調達された電気を購入するのではなく、発電業者と直接取引することを選ぶものもあります。これは相対取引と呼ばれ、買手からすれば卸市場の変動を回避して安定的に電力の確保するこが可能となります。

〔五〕電気料金の決まり方

以上では複雑な電力取引を説明しましたが、一体電力価格はどう決まるのかを次に極端に単純なモデルで説明します。

　それにあたって次のことを明示的に仮定しておきます。市場のタイプは一日前、一時間前、リアルタイムと三種類ですが、一日前市場はベース需要あるいはオフピークの平時の需要の取引が行われるとします。これはほぼ確実に予測できる需要と考えられます。一時間前市場はその日になって発生した需要でオフピークとピークとの中間レベルなのでミドル需要と呼んで置きます。これは急激な大幅上昇ではなく、当日になって発生する追加的な需要です。リアルタイム市場は取引が始まってから到着する需要を緊急に処理するための市場です。平時には発生しない例外的な大きさの需要なのでピーク需要と呼びます。

　次に発電会社は給電指令に従って発電をします。発電会社から見て給電指令は統合されているときは身内だったものですが、今や何の関係もない他人に変わっています。発電会社は一日前に売りたい価格と数量を申告するとき、利潤のみを考えています。給電指令には絶対に従わなければならないから、そのような制約をできるだけ負わないように行動するのは当然ことです。したがって本当はもっと安くできる・もっと沢山供給できるとしても、そうしてしまえば自由度が少なくなるので高目、少な目に申告するでしょう。しかし平時の需要については他に多くの供給者がいるのでそのように行動すると、ＩＳＯは外の発電会社を優先してしまう事を恐れて、発電会社にこのような行動は起こりにくいと考えられます。しかしミドル、ピークの需要について供給者が少なくなれば、そうした機会主義的な行動が可能になります。

これを次にモデルを用いて詳細に分析しましょう。既に述べたように大前提は、発電会社が純粋に利潤を追求する民間企業であるということです。もし発電会社に何らかの公益性を求め、その行動を制約するとしたら、出発点から競争メカニズムによって電力システムを設計するという考え方から逸脱してしまいますから、そのような制約はないとします。

さて、発電会社の直面する電力需要は変動にさらされていて、その変動にはパターンがあり、オフピーク（平時）、ミドルおよびピークの3パターンに分けられるとします。オフはもっとも日常的なニーズに対応する需要パターンで予測しやすく安定的とします。次にピークは気候条件の急激な変化によって突然の需要増大に見舞われるようなケースの需要です。ミドルはその中間でピークほど急激な需要の増大ではないが、オフのようには安定していないというタイプです。

発電会社は当然生き残りをかけてビジネスを行います。発電の費用構造は図―3に示したように、一定の規模がなければコストは安くならないという条件がありますが、巨大な規模を持たなくても最低コストは達成できるというものです。ガスによる発電がこの典型的なものです。送電から切り離された発電会社は自らのリスクで参入と退出を決定しなければなりません。もっともリスクが低いのは需要の根幹をなしていて安定的な―即ち日常生活に絶対不可欠なオフピーク（平時）需要です。発電会社は卸電力市場へ価格と供給量をオファーします。ＩＳＯはオフピーク需要が満たされるまで発電会社のオファーを受けつけます。ここではもっとも低い価格をオファーした会社から受けつけるので、オフの供給曲線は最低の平均費用をもつ会社に限られます。図―3に示したように最低の平均費用で供給できる会社は複数あるので、それらの最低費用をつないだものが図―5のAC_0です。これらの会社は競争しているので、費用がAC_0以上の発電会社は脱落します。しかもオフの需要については市場は競争的なので価格は需給の均衡点で決定され、自ら価格をつけることはできません。つまり、この市場では超過利潤をあげることはできないのです。図―5のAC_0の右端X_0はそのような条件で供給（オファー）をしようとする発電会社の総供給を示しています。次に当日になって追加的に発生する需要の増大については、X_0という供給量では不足するとしましょう。

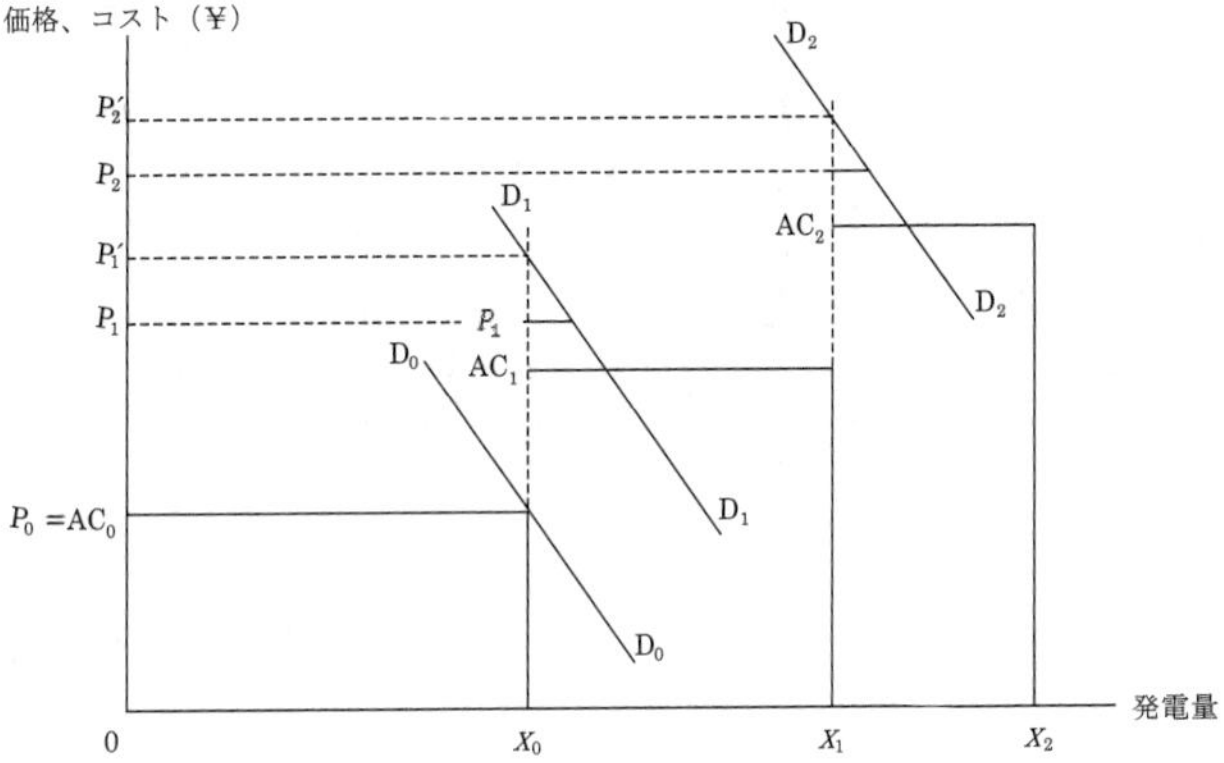
価格、コスト（¥）
D2
P2′
P2
D1
AC2
P1′
P1
P1
D2
D0
AC1
P0 =AC0
D1
D0
発電量
0
X0
X1
X2

図―5

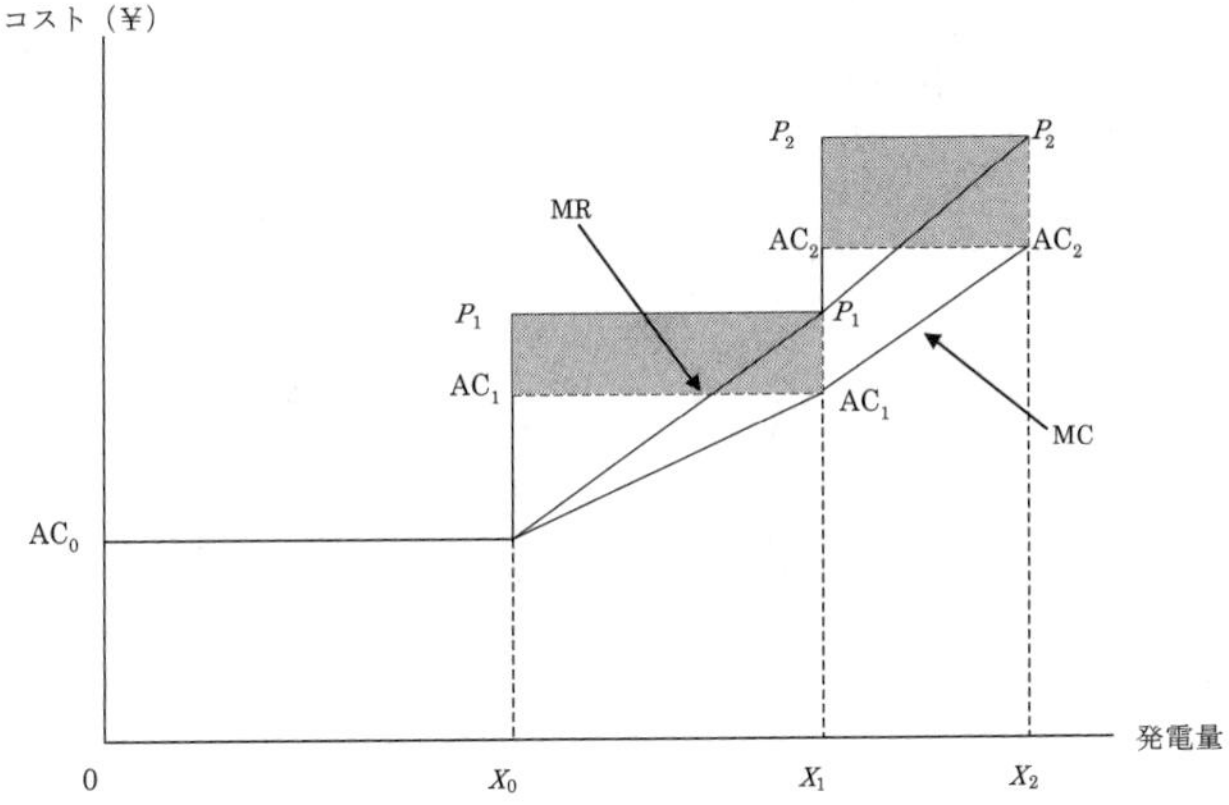
コスト（¥）
P2
P2
MR
AC2
AC2
P1
P1
AC1
AC1
MC
AC0
発電量
0
X0
X1
X2

図―6

すなわち、図―5のD_0D_0という平時の需要の最大水準を上回る需要が発生するとして、このときの需要曲線をD_1D_1とします。もし供給量がX_0までしかないとしたら、D_1D_1という需要を満たす価格はD_1D_1とX_0からの垂直線の交点になります。そのときの価格をP_1'とします。しかし、D_1D_1については価格が上昇するのを予期している会社がいます。これらは、D_1D_1という需要に対応するように参入してきます。D_1D_1をミドルの需要と呼びましょう。

このミドルに対応するのは、オフの最低費用AC_0よりも高い発電コストを持つ会社です。このような発電会社の平均費用をAC_1とします。AC_1という費用で供給できる会社の総供給量はX_1まであるとしましょう。

さて、ＩＳＯから見ると、ミドルの状況はオフと違っています。オフでは低コストの発電会社が多数参入していますが、ミドルではこれよりも少ない企業しか参入していないからです。その理由はリスクの違いです。平時の需要は常にありますので、この状況で参入することのリスクはゼロです。ところが、ミドルの需要はいつもあるという訳ではなく、間歇的にしか発生しません。したがって、チャンスを狙って発電せねばならないリスクがある訳です。つまり、ミドルでの発電会社はリスク・テーカーでマクシマムならP_1'まで上がるかもしれない販売価格を念頭に置いて参入して来るのです。これらの発電会社はオフに比べて競争者が少ないのでＩＳＯに対して高い価格をオファーするインセンティヴがあります。発電会社がオファーしてきた価格を拒否すれば需給が均衡しないので、ＩＳＯはその価格を受け入れざるをえません。オフの場合には多数の競争者がいるので高目の価格をオファーすれば発電会社は市場から除外される恐れがあるのと、ここが違います。結果としては、AC_1よりも高くP_1'よりも低いP_1のような水準で価格が決まります。

さて、ここで垂直統合されたシステムとの違いを明らかにしておきましょう。統合されているときは、発電部門は送電部門の命令に服従するという義務があり、送電部門は発電コストを知っていますから、ミドルのケースで発電部門がP_1というコストで発電することはありえません。オフピークの発電コストはAC_0、ミドルの発電コストはAC_1なのです。しかし、分離がなされると、発電会社はＩＳＯに売りたい価格をオファーするので、それがAC_1である必然性はありません。そして、前述したように、発電会社は利潤を目的として行動している限り当然のことです。

次にピーク需要のケースを見てみましょう。ここでも論理は同じです。ミドル需要まで1時間前に満していても、いざその時間になるとさらに需要が発生してX_1という供給で不足すれば、価格はマクシマムでピーク需要を示すD_2D_2とX_1から引いた垂直線の交点のP_2'まで上昇します。この時にはAC_1よりもコストが高い発電会社が参入します。例えばそのコストをAC_2としましょう。これらの企業はＩＳＯの足元を見ています。もしリアルタイムで供給が不足すれば、停電という非常事態も招きかねません。高コストではあるがこれらの企業の電力は絶対的に必要です・ピークでは発電会社が市場支配力を発揮してAC_2を上回る価格をつける可能性が高くなります。例えば価格はP_2という水準につけられます。

ここでも再び前述したところと同じことが言えます。もし垂直統合されていれば、リアルタイムで発電部門はAC_2で発電しなければなりません。

以上の議論をまとめたのが前出の図―6です。

垂直統合されているときは送電部門の給電指令に従って発電部門はX_0まではAC_0、X_0とX_1の間はAC_1、X_1とX_2の間はAC_2で発電するのでX_0、X_1、X_2を結ぶ曲線は発電の限界費用MCとなっています。ところが発電会社が分離され、利潤最大化行動をとればX_0まではAC_0ですがミドルの発電コストはAC_1ではなくP_1、ピークではAC_2でなくP_2となります。結局購入者が支払わなければならない発電コストはMCでなくMRという曲線に上昇します。社会的に見たコストの増加は斜線部分で示されます。MCとMRとの開きは需要の価格弾力性に依存していま

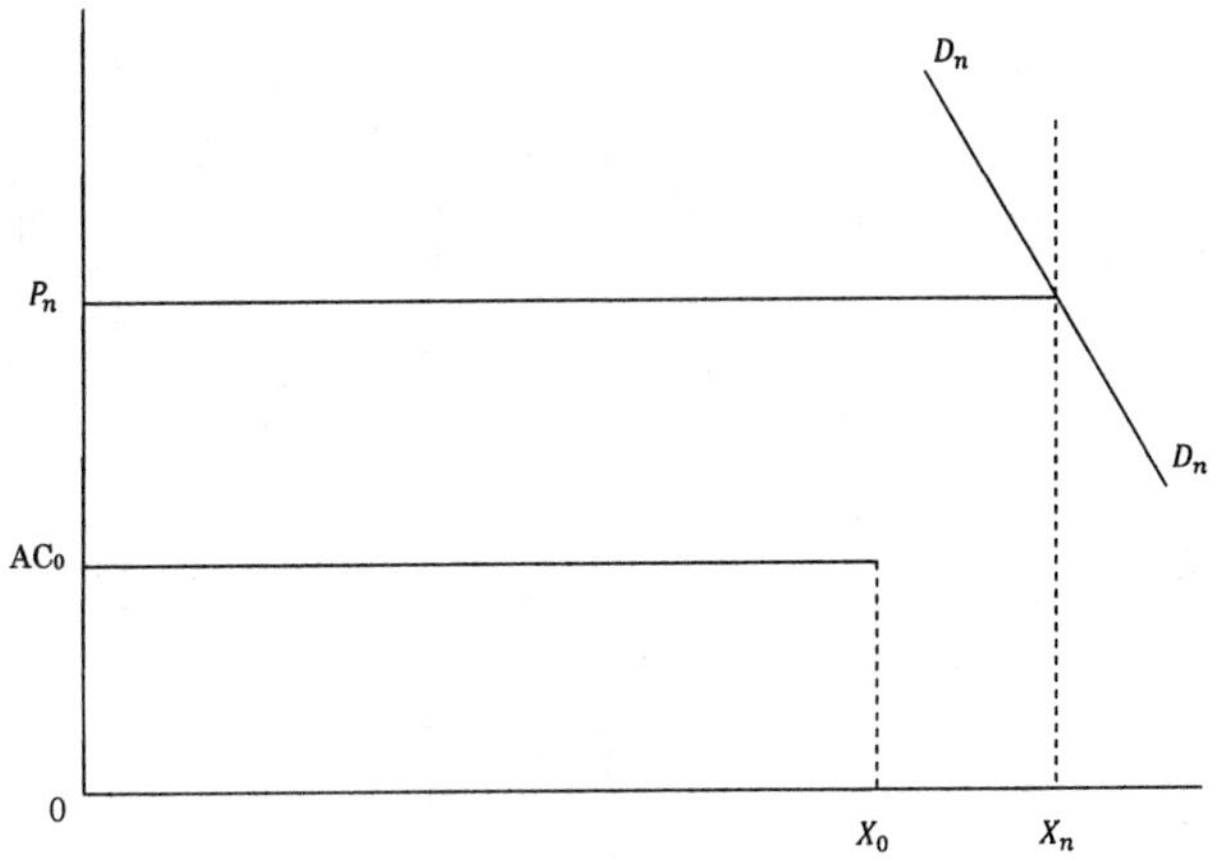

図—7

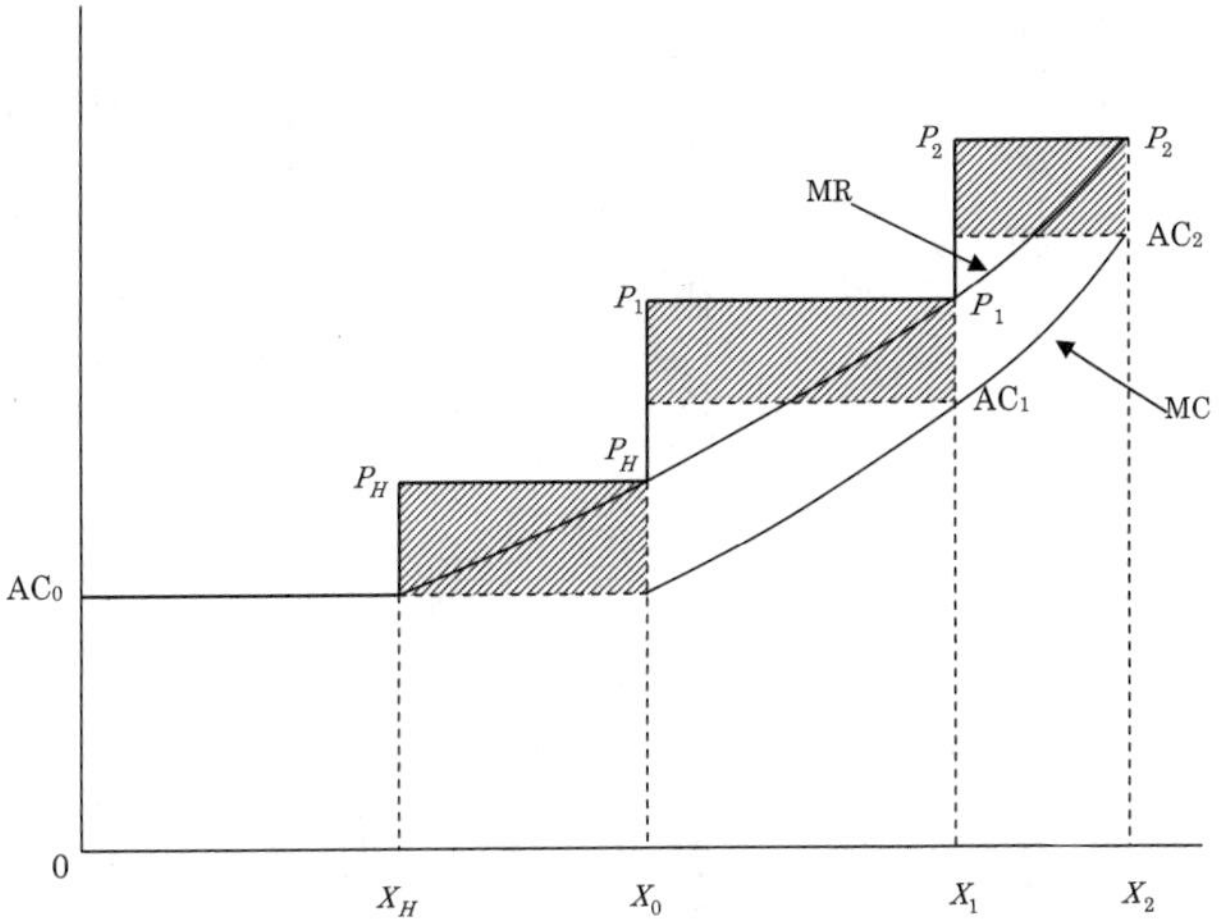

図—8

す。弾力性の値が小さければ小さいほどMCとMRの開きは大きくなります。

さてここで発電会社が市場支配力を発揮して、MRというコストをもたらしている事態をどう見ればよいでしょうか。

まず第1にＩＳＯがAC_1およびAC_2というコストを把握してこのコストでしか供給を受け付けないという指導をしたらどうでしょうか。ミドルやピークに参入する企業は平準的でない需要に待機しているというリスクを負っています。これは発電会社が統合されているときにはないリスクです。したがってAC_1やAC_2を強制されることがわかれば、元々参入しないでしょうとし、参入していても退出してしまうでしょう。したがって図―7のようにオフピーク需要X_0を超えたどこかのところXnで供給が途絶し、価格はPnに急激に上昇するしかありません。

第2に市場支配力の発揮に対して、競争当局が独禁法の視点から介入するとしたらどうなるでしょうか。摘発を受ける企業側はリスク・テーキングに対する正当な対価であると主張するかもしれません。しかしあくまで独禁法違反を問われれば、参入した企業は退出するでしょうし、これを見た他の企業は参入しようとしないでしょう。このときも、X_0より右側のどこかで供給は途絶し、価格はPnとなります。

さらにもっと深刻な状況があります。これまでの分析ではX_0までの供給は最低の発電コストAC_0の企業によってなされると仮定してきました。しかしこれらの企業も当然機会主義的に行動します。前述した1日前市場でX_0まで供給すると1時間前市場ではP_0よりも高い価格で電力が売れるのであれば、1日前市場での供給量をX_0よりも少なくすることを学ぶのに時間はかかりません。つまりAC_0というコストを持つ発電会社は、自らのオファーする発電量を減らせば総供給量が減り1時間前市場で有利な取引ができることを学習します。するとオファーする供給数量が減って1日前市場で売上減による損失が出る確率よりも、1時間前市場で高い価格で売ることができ、かつコストはAC_1より低いAC_0であることからもたらされるより大きな利益の方が大きければ、1日前市場での総供給量X_0は減少するでしょう。これは図―6で示したMRという曲線がX_0でなく、図―8のようにその左側のX_Hで価格がAC_0より高いP_Hからスタートすることを意味しています。このとき発生する損失は図の網かけ部分です。

これによって発電会社側での機会主義的行動は垂直統合のケースよりも、更に大きな社会的損失を与えることが明らかです。

〔六〕オークション方式の電力取引がもたらす弊害

以上で説明したようにアンバンドリングによって発電を送電から分離すると随分、手の込んだ市場設計が必要になることがわかると思います。このような設計が必要なのは言うまでもなく、電力という商品の特性で詳しく見たように、電力サービスは「電子」そのものを利用する物理の法則の支配を受けているためです。そしてその物理特性のために商品が時間（より正確には秒単位）依存するという「時間依存性（time dependence）」が生じ、垂直統合を排除する市場の取引はオークションという方式にならざるをえないのです。ここではオークション方式がさらにどのようなリスクを持つか説明します。

まず第一にオークションで価格を決めるのが効率的だと言われる理由を説明します。典型的には北欧諸国のノルド・プールで行われている方式では、ＩＳＯが一日前市場で電気の売手と買手に売りたい価格と買いたい価格及びそれらの数量の提示をネット上で求めます。そして売手のつける最低価格から順次価格をプロットして供給スケジュールを作り、同時に買手のつける最高価格から下降順にプロットして需要スケジュールを作ります。これらはミクロ経済の教科書で供給関数、需要関数と呼ばれているものです。供給関数は売手が売ってもよいと考えている価格と数量を示していますので供給意欲WTO（Willingness To Offer)、需要関数は買手が払ってもよいと考えている価格と数量を示していますから支払い意欲WTP（Willingness To Pay）を示しています。そこで両者の意思が合致する点Eは（図—9）、社会的合意の成立する点と見なすことができます。このような方式で決まるオークション方式の価格決定は売手と買手のインセンティブが反映されているので効率的と呼ばれます。ここまでは良いのですが、電力市場ではピーク時に電力供給量が限界に達して、それ以上の供給が不可能になることがあります。これを避けるにはピーク時に対応できるような追加供給設備を持つことが必要ですが、一時的にしか利用しない設備を持つことは、発電会社が分離されればありえません（ピーク時に莫大な利益があがることが保証されれば別ですが）。そこでピーク時におけるオークション価格は図—9でなく、図—10のようになります。

SXcŜは供給可能量がXcで限界に達し、それ以上供給しようとすれば（たとえていえば）無限大のコストがかかることを意味します。これは数量が固定されている美術品などのオークションと同じ状況です。つまり、Xcという量を1と勘定すれば、この1商品を買うのにオークションが行われます。このときの価格はもっとも高い支払い意欲を示す最終

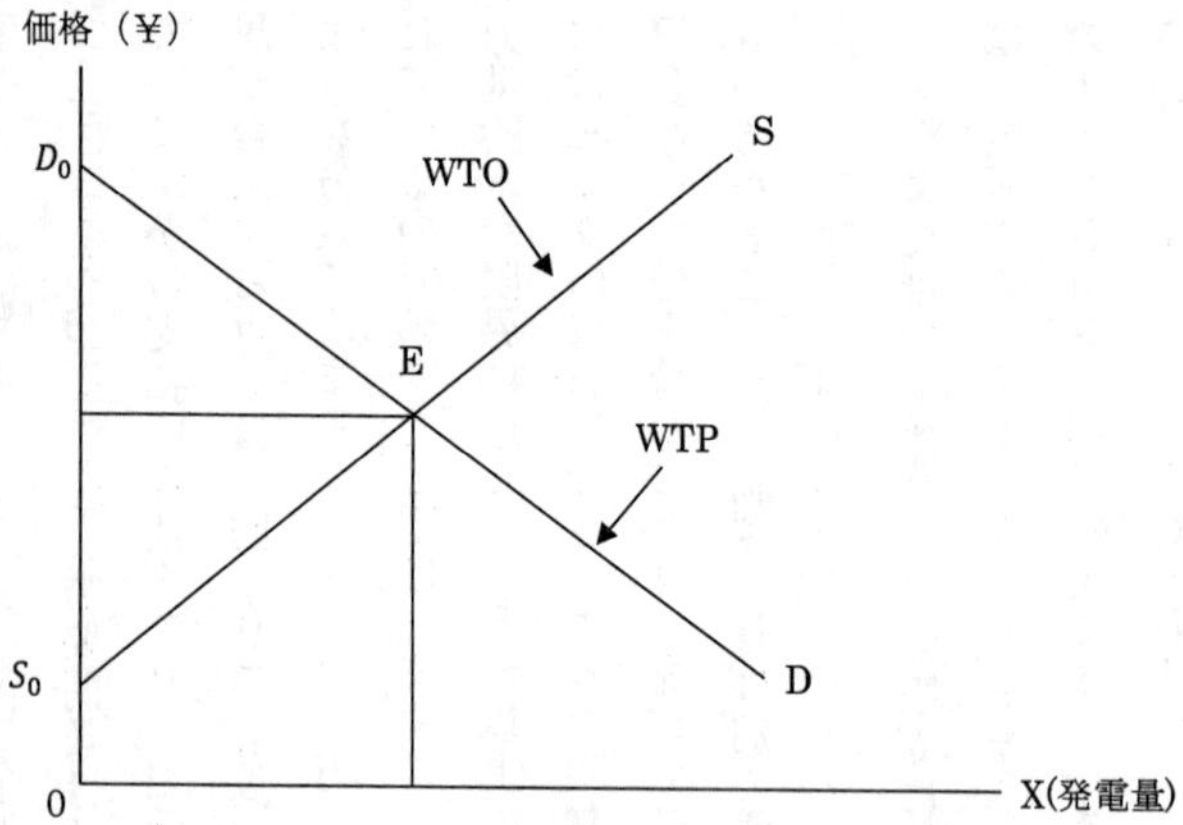

図—9

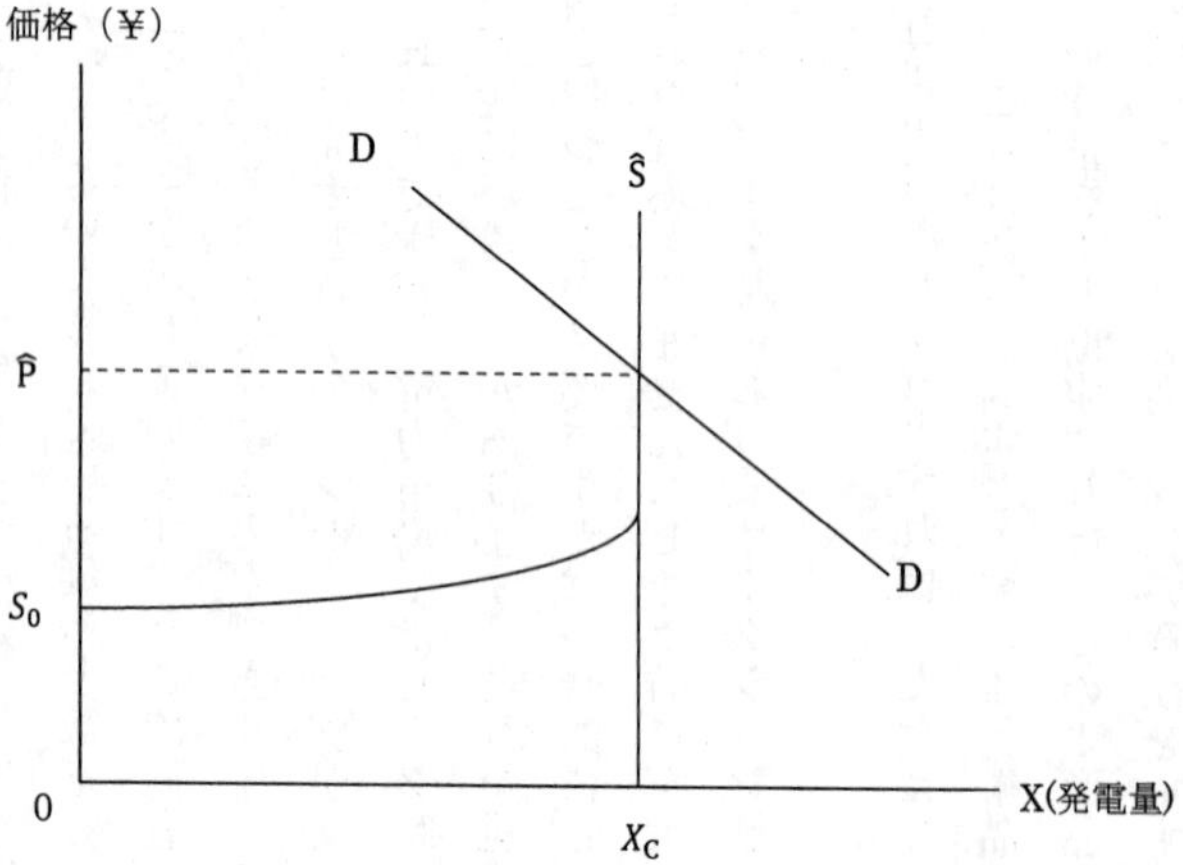

図—10

入札価格$\hat{P}$で決まります。図―10で見ればDDというWTPを示す人が美術品を落札することができます。さて、美術品のオークションでは落札した人がその対価を支払いますが、その他の「せり」の参加者は勿論一銭も支払うことはありません。さてこのオークションの原理を電力に適用したのが図―10ですが、決定的に違う点があります。電力オークションでは市場参加者がオークションの落札価格を全員支払うことが義務づけられています。しかし最後に入札された最高値は発電のコストを反映したものではありません。オークション方式の結果としてどうしても電気が必要というユーザーのすべてが$\hat{P}$を支払わされるのです。

料金によってピーク時の需要をカットするという目的からは$\hat{P}$は高いほどよいことになります。何故ならピーク料金が高ければ、脱落するユーザーが増えるからです。

これを次の図―11で見ましょう。図の$\widehat{dd}$は発電限界Xcに達したときの需要量とします。ここで供給は限界に達してしまうので、Xcでは需要のとり合いが生じます。どうしても電気が欲しいという購入者は高価格を入札して買えないという人々をつくらなければなりません。

価格をPcからP_1まで上げればX_1Xcまで、P2まであげればX_2Xcだけ、買手は減るので、自分

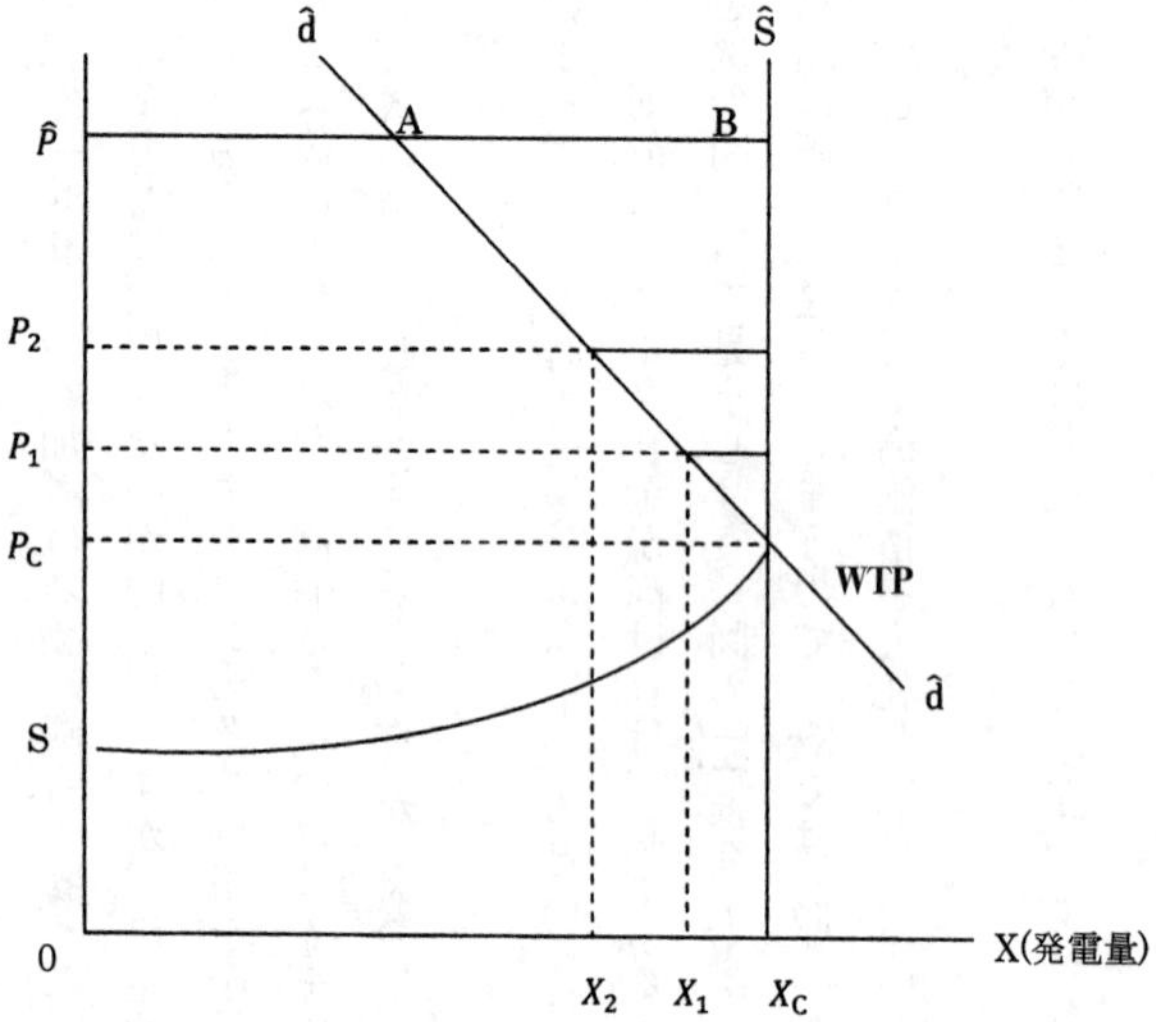

図—11

の必要な電気ABを確保するには$\hat{P}$をつければよい訳です。こうすることで設備をXc以上に増設せずに、市場の需要は達成できます。しかしここで排除される分だけ電気を小売りするために必要な仕入れが減ることになります。つまり消費者の一部は結果として小売市場で排除されてしまいます。

次に卸売市場で決まる電力価格と小売価格の関係を見てみましょう。アンバンドルされると送配電会社および売電事業者は卸売市場で仕入れた電気に利益をのせて電力を小売りします。卸電力の価格が乱高下すれば、小売価格も乱高下します。特にピーク時には小売り価格が高騰します。一部の論者は価格が上昇することでユーザーのうち、支払能力のない人々が電気をあきらめ脱落することで、ピーク時対応の設備をつくらないで済むと主張しています。たしかに設備は不要になるかもしれませんが、これは弱者を犠牲にすることは社会的に問題にならないという価値判断をしている訳ですから、前述したロールズ・センの正義の基準は踏みにじられていることになります。その上ピーク時とオフ・ピーク時の電力使用量差は1.5倍くらいの差があるので、脱落させられる人々の数は膨大です。

これでは余りにもひどいというアンバンドリング論者は、ピーク時の価格を支払えない人には、何等かの形で補助をすればよいとします。つまり低所得層などにはピーク時でも高騰した料金より低い価格が適用されるという訳です。これは一見無慈悲な価値判断を救済するかのように見えます。しかしながら、供給限界に到達して料金が$\hat{P}$となっているときに一部のユーザへの補助を行うのは$\hat{P}$という料金を支払っている人々です。これは高所得者や一部の大企業なのかもしれませんが、この人々は補助を$\hat{P}$に基づいて支払うのは不当だと考えるでしょう。何故なら$\hat{P}$は最終ビッドをした人のWTPであって自分達のWTPではありません。にも拘らず$\hat{P}$によって発生する電力会社の収入が補助の為に支出されるのです。自らのWTPに基づく料金の中から補助を行うのとは全く違うのです。

今迄説明したオークション市場では、買手は送電会社だけでなく売電というビジネスを行う事業者が加わっています。小売市場での価格の乱高下があるということは投機を目的とした人々がこれに加わるのは当然のことです。電気を売るということは time dependent であるという特質から投機が加わり、価格を更に乱高下させるのです。最悪のケースとしてはエンロンの投機的行動が想起されます。

オークションによる電力取引所の代表例としてしばしばとりあげられるのはアメリカのペンシルバニア、ニュージャージー、メリーランド州を中心としたPJMや北欧のノルド・プールです。これらは、一部の論者からはいずれも成功例として挙げられますが、実は絶え間ない価格の乱高下があります。水力発電を主体とするノルド・プールにあっても加入国全体で同一価格すなわちシステム価格が成り立つのは一日で2％台に過ぎず、97％はエリア価格が地域ごとに成り立っています（注3）。ノルウェーを除いて一日中価格の乱高下があります。一方、ＰＪＭでは価格スパイクが図—12のように頻繁に起こります。

このようなオークション市場で電気を仕入れている電力会社の利潤率は後に分析しますが、第7章表—3のように非常に高いことがわかります。すなわち、アンバンドルしてオークションに依存せざるをえないというシステムは、電力会社に競争ではなく、高利潤を与えているのです。

〔七〕地域独占という虚像

現在なされている議論の中には、レトリックあるいは事実の歪曲に基づいたものがあります。特に電力会社の「地域独占」を打破すべしというキャンペーンはこれまで実現された電力産業の改革を全く無視した虚言というべきです。日本では2000年の電気事業法改正以降電力会社以外にＰＰＳ（Power Producer and Supplier）が直接顧客に電力を売ることができるようになり、参入の禁止などというものはありません。ただしＰＰＳの全

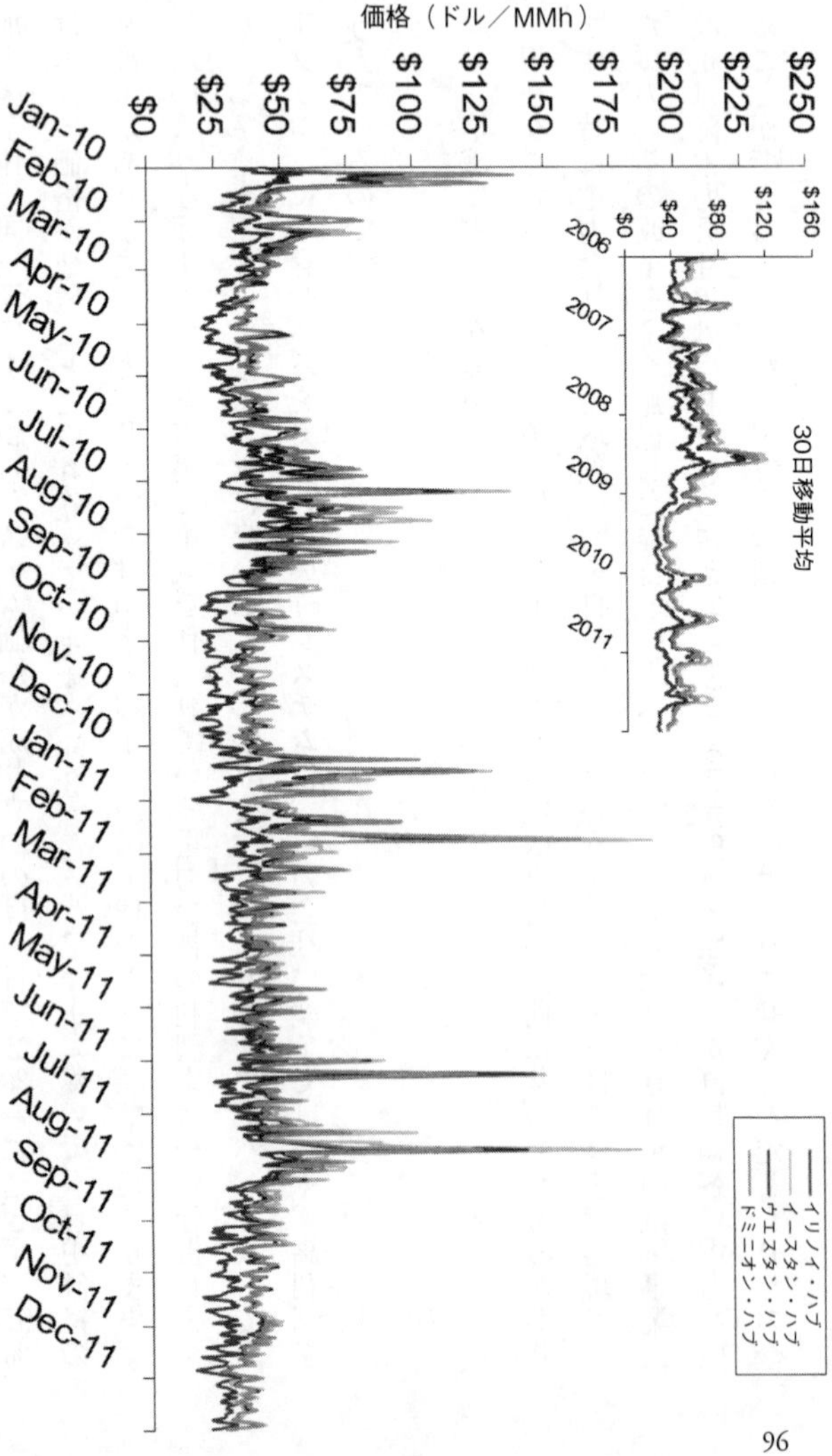

図―12

出所：FERC 2012年１月４日公表データ

国シェアは4％に達していないことは事実です。この新規参入者の全国シェアをとりあげて、競争が進展していないという言い方は、規制緩和が1980年代に導入されて以降、規制当局の決まり文句です。しかしこの表現は一般の国民の誤解をわざと招くようにした一種のレトリックなのです。まず新規参入者（NCC）のシェアが全国でみると低いという表現は1990年代末までNTTの固定電話について使われました。よく考えてみればすぐわかることですが、新規参入者のシェアが固定電話で低いのは当たり前のことです。なぜなら、固定電話はケータイと違って新製品での市場拡大の余地に乏しい。一方参入企業はもうかるとわかったエリアにしか参入しません。NTTはもうかる、もうからないに関わりなく、あらゆる地域に回線を提供しています。したがって参入企業のシェアが10％台だったのはもうかる地域がそれしかなかったということです。2000年代に入りますと、インターネットが普及し、距離という概念が通信産業では死滅（death of distanceと呼ぶ）しました。それとともに固定電話では参入企業のシェアが30％台に急増しました。これは固定電話の地域特性が無くなり、参入企業のもうかるエリアが増大したからです。

以上のNTT固定電話のケースは、電力のいわゆる「地域独占」性を考える上ですぐれた示唆を与えるものです。何故現在PPSのシェアが低いかというと、発電ビジネスというものが立地に左右されるからです。ＰＰＳにとってもうかる顧客とは、発電所から近距離に立地している大口の顧客です。一番理想的なビジネスは発電所から直接顧客のところへ電線を引き込み電力会社の送電線は使わないことです。このようなビジネスはかってのコンビナートのようなエリアで可能であり、ＰＰＳは最初そこに参入しました。かつて通信で参入企業が東京都心や大阪、福岡などでシェアを得たのと同じ原理です。しかし通信ではインターネットというブレイクスルーがありましたが、電力にはそのようなものは考えられません。つまり電力では当面ＰＰＳ発電所の立地条件がもうかるか否かの決め手です。そして前述したように電気の供給は「電子」を送るという物理的作業を伴いますので、輸送手段としての送電網の利用可能性に左右されます。その逆の例は通信でのみ通用する迂回の経済性です。通信では2地点間の直通回線が混雑しているときは、空いている線を使って迂回しても通信コストは増加しません。東京→大阪間の回線が込んでいればいつでも東京→札幌→大阪ということができるのです。

しかし電気はベクトルをもった物理量ですから、潮流というものがあり、通信のように追加コストなしで迂回することは考えられません。

スマートグリッドのような技術が以上のＰＰＳの立地上の困難を緩和するかもしれませ

ん。そのときは参入者のシェアの変化は期待できるでしょう。しかし電気はあくまで物理量で通信トラフィックのように方向（ベクトル）を持たないものとは決定的に違うことを銘記せねばなりません。すなわち既に自由化されている電力産業でいまだに地域独占があるとか、「地域独占」を見直すとかいう表現が政策担当者から出てくること自体真に奇怪なことです。地域独占という言葉とペアで使われるのが9電力体制という言葉です。ここで電力供給が地域割りになっていることの経済性を考えておきましょう。まず最初に現行の「9」社という数が合理的か否かは論ずる必要がないものとします。つまり「9」はいくつであってもよく、そもそも地域に分割することがどんな意味を持つかを分析します。

〔八〕地域分割合理性

まず発電について見ると図―3で説明したように、発電設備に関する規模の経済性はありますが、それは独占性とは無縁の大きさです。そこで経済性はどこに発電所を立地するかということに依存します。つまり、発電所からユーザまでの輸送コストが最少となるような場所を選ぶのが合理的です。このときにはユーザがどこに立地しているか、その規模はどれ位か、ピーク時の需要はどれ位かなど考えるべき要因はたくさんありますが、もっとも基本的なのは各発電所の発電する電気を集中的に管理するセンターの設計です。それは送電網と給電指令を行う系統管理が一体となった電力ネットワークのハブを合理的に設計することに帰着します。図―2で示したように電力も形態的にはハブ・アンド・スポークという形状を持っています。ではハブはいくつあれば日本という国の電力供給にとって最適でしょうか。誰でも思い描けるイメージとして、航空のネットワークを考えてみてください。ハブ空港は千歳から福岡まで数は限られています。日本全国をたった一つのハブ空港に集約することなど考えられません。それは人々が日本各地に住んでいて、人口の集約度によって、自ら必要な空港の数が決まるからです。航空のケースでの乗客の動きは、電気での電子の動きに似ています。人々は一人ずつベクトルを持っていて自由に移動しますが、それらを集中管理して目的地に輸送するのがハブ空港の役割です。

電気の供給は航空サービスよりはるかに複雑ですが、ハブというものが必要であり、その数は限られていることは空港の例からも明らかでしょう。したがって9電力が合理的か否かは検証すべきことですが、N個の電力会社という限られた数の会社が日本列島という地形を考えれば必要です。これは少数であり、地域の結節点にあるので「独占」のように見えるのは当然ですが、決して経済的な意味の独占ではないことを次に垂直統合の必要性から説明します。

アンバンドルされた電力システムでは、発電は送電と分離され、オークション方式で卸売されることを既に見てきました。このとき発電会社の経済学から見た性格は、利潤の追求を目的とする企業である以上、常に機会主義的な行動の恐れがあるということです。発電が分離されるとそのプロフィタビリティは電力需要の時間的なプロフィールに依存しています。まず平時つまりオフ・ピークの需要については、安定的で必需性の高いものですから、発電会社はリスクなしに参入できます。しかも多くの競争相手がありカルテルを組むことが難しく、料金は市場で決定されます。このタイプの市場で自分だけ高価格をつければ、供給させてもらえません。もし価格が超過利潤を生みだせば供給者数はすぐに増加するでしょう。つまりこの平時の時間帯に供給する発電会社は図―3のような最低コストで営業していて、完全競争に近い状況にあります。

一方ミドルとピークという時間帯は、安定した需要を保証するものではありません。参入する企業はリスクを取る代わりに、平時よりも高い料金をオファーできます。その時その時の需要の価格弾力性に応じて売るというタイミングを狙い、機会主義的に行動するものと考えなければなりません。この時ＩＳＯはオフ・ピークの時とは異なるプレイヤーに直面しています。オフでは発電会社は供給できないことを恐れていて、指令には従順に従うでしょう。ゲーミングを個別企業ですることはできないからです。ところがミドル以上の需要では、供給指令に従順に従っていては利益が出ないので、ゲーム的な状況が発生せざるをえません。言い換えれば、発電所はもはや垂直統合されていたときのように、兵隊ではないのです。一刻を争うような給電が必要なとき、ＩＳＯは発電会社とやり合っている暇はありませんから、価格は平均費用から乖離することは避けられません。結局のところオフ・ピーク以外では、料金が平均費用を上回り図—6の斜線のような損失が生じるのです。

社会的に見て効率的な発電とは、オフからピークまで限界費用で電力が供給されることです。地域独占として批判される独占とは、すべての発電所を電力会社が所有し、他企業の参入を許さないというシステムです。これまで論じてきたことからもわかるように、電力会社がすべての発電所を持つ合理性はありません。オフ・ピーク需要を担当する発電については、競争市場が成り立っていますから、電力会社は自らこの発電所を保有しなければならない合理性はありません。外部の発電所から電力を調達すればよいのです。別の観点からすればこのような需要に対応する発電所が所有されているなら、これらを売却しても独占としての電力会社に何ら損失を生じません（但し発電所が価値以下に買いたたかれるということがないような監視が条件です。現実に売却するとなれば債権債務関係の整理が必要です）。

しかしそれ以外の発電所については、限界費用での供給を確保するために、兵隊として機能する発電所は保持し続けなければなりません。少し強い表現をすれば、発電会社は水商売のようなビジネスができるのです。特にオークション方式で卸取引ができるとすれば、荒稼ぎする格好の機会を与えてしまいます。発電会社のＩＳＯに対する無条件の忠誠を前提として制度設計はできないのです。

さらにここで効率性を担保するために重要な点は、ミドルやピーク需要に対して参入する発電企業が存在することです。電力会社は図―４で示したAC_1やAC_2で配下の発電会社に発電させていますが、これよりも低いコストで参入する企業が出てくれば、発電コストは低下します。機会主義的行動をとる発電を阻止するために自ら発電会社を所有すると同時に、AC_1やAC_2は真に最低の発電コストであるかチェックするためには、このような競争的企業の参入する仕組みが必要です。

以上のように垂直統合を維持しながら発電コストを最小化することが可能であり、分離して複雑なオークション市場を創出し機会主義的行動を招く必要はありません。

第四章　発送電投資における市場の失敗

〔一〕発電会社と送電会社の契約――不完備情報

さらに発電と送電部門との関係で大きな問題は、発電会社と送電部門との間で当然結ばれる契約のあり方です。日々のオペレーションだけでなく、長期的には発電と送電との投資計画のコオディネーションがなければなりません。ところが電力事業では投資は特定の目的にスペシフィックで他の目的には転用できない投資が通常です。このときにはゲーム理論で最近重視されている契約理論（contract theory）における不完備情報の問題が本質的に発生します（注4）。

電気の特殊性は生産された電気を瞬時に消費することがないと資源のロスをもたらすことでした。このために流通部門で需要が発生すると給電指令所は発電部門に生産の命令を下し、発電部門は遅滞なく供給するというシステムが必要とされます。垂直的統合がなされている現在の電力システムはこのような「コマンド・アンド・コントロール」を実現する手段として機能しています。発電部門は電力会社内の一部門であり、それは送電の給電指令に絶対的に服従することが義務づけられているからです。発電と送電の関係は、このような日々のオペレーションに見られるだけでなく、長期的には需要を予測し、綿密に計画を練るという発電と送電の両部門としてのコオディネーションにかかわっています。もし需要の増加があるとすれば、これにもっとも効率よく対処するには発電所能力を拡大するか、新たな発電所を建設するかあるいは送電線のどこを増強するかなどの投資計画を立てねばなりません。電力会社が垂直統合されていれば当然この問題はどの部門を改変するかという社内の問題になり一社として自由に組織を設計できます。発電と送電の2部門の自由なバランスをとることができる訳です。

しかし、発電部門と送電部門とが分離されるとしたら、このような組織としての相互補完性はどうなるでしょうか。例えば一般の製造業で考えて、部品生産部門と組立て部門とが統合されているときと分離されているときとを比べてみましょう。

部品生産部門が別会社であるときは、組み立て部門はこれに必要な注文を契約書ベースで出さなければなりません。もし必要とされる部品が汎用品でどこでも売られていて規格や品質が同じであるときは、購入の計画は周知の商品情報に基づいて行えますから、組み立て部門は部品生産会社のどれか一つと契約すればよいのです。しかし組み立てメーカーが新製品を企画し、今までにない部品を必要とするとしたら状況は変わります。もはや汎用品は存在しないので組み立て側としては自らの需要を満たしてくれる部品メーカーをさがし、双方が納得できる価格や納期を決めなければなりません。このときには契約書は汎用品のケースとは本質的に異なるものとなります。新しい製品のすべての要請を満たすような部品が必ず出来あがるとは限りませんから、部品メーカーと組み立てメーカーのかわす契約には必ず不完備の部分があるはずです。つまり考えうるあらゆる状況を想定して契約書を書くことは不可能なので契約書には「穴（hole）」が生じます。そこでこのような不完備な情報に基づく契約書では「不測の事態には双方が善意をもって対処する」という条項が入ります。こうした情報の不完備制が不可避であるとき2社が契約を結ぶと、両者の間では不完備情報ゲームと呼ばれているゲーム的状況が生じます。つまり企業が「機会主義的（opportunistic）行動」をとらないという仮定を置いて経済システムを見ることは意味がありませんので、相手の弱味につけ込むという行動があったら何が起こるかをまず考えておかなければなりません。

上述の例で言えば組み立てメーカーは部品メーカーと契約を交わし、それを前提として新製品の生産ラインを組むとしましょう。すると組み立て側には、外に転用できない設備が生まれます。そして部品が要求通りに期日までに到着することを待つしかありません。

ところが部品メーカーはこのような組み立てメーカーのサンク・コストの発生を見て機会主義的に行動します。例えば納期が予想外に遅れるから期日に間に合わせるなら部品代の割増をしてほしいという要求を出すことがあり得ます。このとき組み立て側は既に予定通りのラインを組んでいるので相手の言いなりになる外はないという「ホールドアップ」の状況に追い込まれます。最終的に相互の交渉の結果がどうなるにせよ、ホールドアップされる立場に立つ企業は、このような事態がありうるという事を前提にして行動せざるを得ません。するとこのゲーム的状況の均衡は、組み立てメーカーが不測の事態を考慮に入れて、契約が完璧に遂行されるとしたときの生産ラインよりも小規模のラインを設計するとか、ラインの完成を遅らせて事態に備えるという戦略的行動をとらざるを得ないでしょう。

〔二〕セカンド・ベストの社会損失

つまり相手が完全に信頼できるとしたときの最適な投資計画―これをファースト・ベストと呼ぶ―ではなくて、ホールドアップ状態に陥るリスクを避けるために次善の投資計画―セカンド・ベスト―を立てざるをえないのです。これは社会的に見れば投資の規模が過少となるという資源配分上のロスをもたらします。これはゲーム理論ではホールドアップとセカンド・ベストの定理として厳密に証明されています（注5）。

この事例を電力のケースにあてはめてみましょう。部品メーカーが発電会社、組み立てメーカーが送電会社とします。発電会社は前述したようにピーク時にベスト・タイミングで供給することを目的としていれば、長期の投資計画でも機会主義的に行動する可能性があると見るのが当然です。送電会社は長期的な需要の増大を予測して、発電会社の将来の発電を前提として、送電網の計画を立てるとしましょう。そこで発電会社と送電会社の間で契約書を作成しなければなりません。ここで主要な問題がいくつか発生します。送電投資は少なくとも5年から10年の事業ですから、発電会社に対して厳密な建設計画を基にした契約書を書くことはできないでしょう。将来の不確実性は大きいからです。そこで計画書は細部をつめるが、不測の事態があったときは善処するという一項がなければ両者の合意は困難です。つまり契約書は不完備契約たらざるをえず、「穴」が存在します。このような状況で送電会社の送電投資は特定の目的に特化した（dedicated）投資となります。送電会社がいったん投資をしてしまうと発電会社に対して「ホールドアップ」状態に陥ります。例えば発電会社が数年後に変心して投資を縮小するとか、事業から撤退するとかしたときに、送電投資の規模は過大となってしまいます。そこで送電会社は発電会社との契約にあたっては、発電部門が垂直統合されていて投資をするときのファースト・ベストの規模ではなく、不測の事態に備えたセカンド・ベストの投資をせざるを得ません。結果として送電線投資が遅々として進まなかったり、十分な余力のある送電線が建設されなかったりすることになります。

ここで見てきた発電と送電の関係は立場を逆にしても同じ論理が成立します。発電会社でなく送電会社が機会主義的な行動をとるとしましょう。送電会社はある時期までに送電線建設をすることを契約書で約束します。しかし投資に長期間を必要とするから完璧な契約書は書けず契約書には一項目留保条件をつけます。送電会社は送電料によって利益を上げるのだから送電線が混雑している方が利益は大きいことは自明です。そこで期日が到来しても送電線が十分建設されていないという状況をつくり出す機会主義的行動が起こり得ます。このときにも送電線についてファーストベストは実現できません。

以上でわかるように、発電と送電が分離されそれぞれが利己的な行動をとるときには、それらが統合されていたときには考えられないセカンド・ベストの状態がもたらされる可能性があります。アンバンドリング推進論者はこのようなゲーム的状況をどのように解決できるとしているのか明確にする義務があります。勿論モラルの問題を持ち出して機会主義はありえないとするなどは論外です。発送電の分離は競争的市場を作るというのが目的ですから、そこでのプレーヤーは利己的に競争的企業として行動することを前提としなければなりません。ジェントルマンの事業者などというものは競争社会には存在しません。

第五章　電源選択とCO2削減

〔一〕CO2削減の費用

発電プロセスでは通常他産業ではありえない電力固有の問題があります。それはボイラーで蒸気をつくるとき必要となる燃料の問題です。燃料は電源と呼ばれますがそれは次の固有の事情があるからです。燃料として用いられるものを大別すれば化石燃料、ウラン、自然エネルギー（再生可能エネルギー：REnewables＝RE　以下ではREと呼ぶことにする）などがあります。原子力発電やREを除くと燃料の太宗は化石燃料つまり石炭、石油、天然ガスです。これらの燃料は石炭を除いて地政学的に大きなリスクのある地域に偏在しています。すなわち供給の安定性と価格の変動に根本的な問題があります。電力産業を全体としてみるとき、電力供給の安定性は発電部門と送電部門とで質的には異なります。後者は送電線の供給余力の問題であり長期的な投資にかかわるがあくまで国内の事情に左右されるのみです。これに対して前者は日本が1国では左右しえない与件の問題です。もし燃料が世界各国から自由に安価に調達できるのならばこの問題の比重は少ないと言えます。しかし現実はこの数十年間絶え間なく国際関係の緊張によって電源の安定性は脅かされてきました。このような脆弱性を持つ産業は外には存在しません。原子力発電が１９５５年の原子力基本法の制定以来、ＯＰＥＣによるカルテル化を経験し電源としての重要性を次第に高めて来たのは、化石燃料に比べ安定性・価格の面で比較優位にあるウランに着目したからです。同時に基本法制定の際には考慮されなかった地球温暖化の問題について、特に京都プロトコルが発動した１９９０年代後半以来、ＣＯ２排出量がほとんどないという特性が重視されてきました。

電源については現在ＲＥの重要性が叫ばれていますが、以上の挙げた諸電源をポートフォーリオとして相対的に評価しなければなりません。すなわち発電コストを左右する電源の調達価格とそれらのリスクとが両面から評価されて最適なポートフォーリオを組むという視点が最も重要です。わが国のベスト・ミックス論は根本にはそのようなアイデアに基づくのは違いありませんが、ポートフォーリオという視点が希薄です。

東日本大震災以後、原子力発電の潜在的なリスクが表面化し多くのものが停止の状態にあります。このとき原子力発電のコストの見直しがポテンシャルなリスクの評価を通して行われるのは当然ですが、一方でＣＯ２対策の切り符としての原子力の役割についてはあまりに言及がなさすぎます。確かに地震・津波の危険と原発事故の恐怖は明白ですが、それでは地球温暖化にあれだけの努力を傾斜してきな日本政府の方針は忘れ去られたのでしょうか。原子力も廃棄し、ＣＯ２も目標通りに削減するという目標設定は国の政策として成り立つのかを次のようなモデルで考えてみましょう。

原子力発電を廃棄するとすれば、その発電量は別の電源によって代替しなければなりません。代替電源として当面有力なのはＬＮＧです。ではＬＮＧが原発の発電量を代替するとしたとき、ＣＯ２排出抑制という目標からはどれだけの追加コストを必要とするでしょうか。これを一つの簡単な仮説例で考えてみましょう。ＬＮＧ発電にともなって発生するＣＯ２量はもっとも少なく見積もって４００ｇ／ｋＷｈとしましょう。原子力をＬＮＧで代替すれば１ｋＷｈあたり４００ｇのＣＯ２が排出されるので、これを総て排出量取引で排出権を購入して排出をゼロとするという方針をとるとします。このときにはＣＯ２１トンあたりの排出権価格によって排出コストが計算できます。例えば過去のＥＵ／ＥＴＳのデータから１トンあたり２５００円とすると、支払わねばならない金額は次のように計算できます。

$$400 \times 2500 \div 10^6 = 1 円/kWh \cdot ton$$

すなわち１ｋＷｈあたり１円程度のＣＯ２削減費用が掛かります。排出量が１ｋＷｈあたり４００ｇというのはかなり低い値をとっており、排出権価格が１トンあたり２５００円というのは将来変動もありうるので１円／ｋＷｈ・トンも暫定的な値です。しかし原子力の発電コストが5～6円／ｋＷｈとされていたときの水準からすればその20％にあたり、10円／ｋＷｈとしても10％に相当します。これから比較すると原子力のポテンシャルなリスクを含んだ発電コストに対して、その10％程度を少なくとも左右するのがＣＯ２排出削減の問題です。今回の不幸な事故の重みを評価せねばならないのは当然ですが、他方であれだけの重みをもって語られた温暖化問題を発電コストとしてバランスのとれたウェイト付けをする必要があります。

〔二〕再生可能エネルギーの経済学

自然エネルギーあるいは再生可能エネルギーREが前述した電源の一つとして期待を集めています。「使っても減らないもの」という意味でREが期待されているとしたら、まず世の中には「フリーランチ」は存在しないという当然のことを思い出す必要があります。太陽光や風は確かに使っても減らないように見えるかもしれませんが、それはエネルギーとして実際には使い始める前のことで、実際にエネルギーとして使うには膨大な社会的コストがかかることをここで明確にしましょう。

まず電源としての位置づけという基本中の基本に立ってREの発電コストを考えてみましょう。図―4は各種の電源の発電単価を描いたものです。電源によってコストは異なるだけでなく、燃料が排出するCO2量も異なります。まず電源の直接的な平均単価を比較します。

図―4でX_1という発電量に対する発電コストがac_1です。まず注意しておかねばならないのは、発電コストというのは発電するというオペレーションに必要なコストだということです。オペレーションという意味でac_1に対応するのが現実的には原子力です。今ここでまず取り上げようとしているのは発電オペレーション自体のコストであり、世界全体の原子力発電コストからみて原子力コストはもっとも低い。次に来るのが石炭、さらに天然ガス、原油と続きます。オペレーションコストを決める要因は、燃料調達コストつまりウランや化石燃料の価格、蒸気をつくってファンを回すまでの各種装置のコスト、それらの償却期間などです。したがってこれらの変動によってacも変化するので、相対関係は絶対的なものではありません。このような比較においてREの発電コストは図―4のac_4のようなもっとも高いクラスに属します（但し図は実際のコスト差を示しているものではなくイメージであることに注意願います）。するとac_4クラスの電源がac_1などと肩を並べて電源のメンバーでいられるのは何故か。それは前述したように電力需要は変動がありオフピーク時にはコストがペイしなくても、ピーク時の価格であればac_4でもペイするということがあるからでした。つまりタイミングよく発電所を運転して利益をあげるという機能があってはじめてac_1やac_2よりもコストの高い発電所は生き残れるのです。そしてこのタイプの発電所がタイミングよく参入することでピーク時の供給をふやし、価格へ引き下げのプレシャーがかかります。このようにいつでも出動できるタイプの電気は「送電可能」あるいは「ディスパチャブル（dispatchable）」であると呼びます。「ディスパチャブル」でなければ高コストの電源は存続しえないと言うこともできます。

さて高コストのＲＥはこの条件を満しうるでしょうか。太陽光にせよ風況にせよあくまでこれらは自然のおもむくままにしかならないことは自明です。したがってピーク需要が立ったときに、タイミングよく発電できるか否かは不明ですし、これらをあてにすることはできません。この条件からＲＥは図―４で位置しているac_4のようなタイプの電源にはなりえないのです。

但しここで蓄電の役割について触れておく必要があります。ＲＥはディスパチャブルでないなら、これを蓄電して随時系統に供給することは考えられます。ノールウェイの水力は水門を開閉することで電力供給量をコントロールできる貯蔵可能な電力の典型的な例です。しかしＲＥについての問題は太陽光や風力を蓄電することに必要な社会的コストです。蓄電技術の開発についていろいろと報道はされますが、現実にはトラブル続きで技術革新による大幅なコストダウンの可能性は不確実です。ＲＥを何が何でも導入するというなら、蓄電のための膨大な投資が必要となりますが、だれがそのコストの負担をするのでしょうか。いくつかの論点がありえます。例えばＲＥによって大幅なＣＯ２削減が可能であれば、ＣＯ２削減のための必要な費用を節約でき、その節約分で蓄電投資をするというのもあり得るでしょう。しかし次節で詳しく見るようにＲＥはＣＯ２削減には大した貢献はできません。したがってこの考え方も採用できません。一方ＲＥは分散型電源として有効に活用すべきものであるという考え方からすると、ＲＥを系統に組み込んでディスパチャブルにするというのは本来の趣旨に合わないものとなります。スマートグリッドの導入によってＲＥの有効な使い方が生まれる可能性はありますが、ディスパチャブルという条件を満たすには追加費用が必要でしょう。現在のように電気料金の一部として少額の太陽光発電の補助金を支払っている仕組みは、蓄電まで含んでＲＥを考えるとき社会的承認が得られるか極めて疑問です。

では何故ＲＥがこれだけ期待されているのでしょうか。一つには化石燃料のようなタイプの天然資源が有限だということが必要以上に強調されているという事情があります。実は天然資源の埋蔵量は確定的な上限があるわけではありません。燃料価格次第では、非在来型の化石燃料は豊富にあることが次第にわかってきています。例えばシェール・ガス、シェール・オイル（いずれも頁岩《けつがん》層に存在するもの）などは２００年から３００年の可採年数があるとも言われています。人々は一部の報道が天然資源の涸渇を強調するがゆえに、一見すると再生可能に見える太陽光や風力に魅力を感じているのかもしれません（注6）。

〔三〕ＲＥはＣＯ２削減に有効か

しかし他方では誤った情報によってＲＥへの傾斜が高まっている傾向もあります。ＲＥはＣＯ２の排出量が少ないと言われます。確かに化石燃料を燃やさないからＣＯ２を直接には排出しません。しかしＲＥがＣＯ２削減にどれだけ有効かを確かめておく必要があります。例えば原子力事故以来ＲＥによってＣＯ２の削減をし、原子力の代替ができるという言説について考えてみましょう。これが誇大宣伝であることは次の単純な算数からすぐにわかります。原子力のＣＯ２排出はゼロとして３基の原発が稼働するとしましょう。１基の発電能力は１００万ｋＷで、原発は事故がなければ24時間フル稼働します。つまり原発は24時間ディスパチャブルです。これに対して太陽光を例にとると、これが発電できるのは大きく見積っても１日５時間程度でしかありません。太陽光発電の定格は平均４ｋＷですから１日に発電できる発電量は１軒（世帯）の太陽光パネルについて

4 × 5/24=5/6kW

では原子力の１００万ｋＷに代替するのに何世帯が太陽光パネルを導入すればよいかといいますと

1,000,000 ÷ 5/6 = 1,2000,000 世帯

つまり１２０万世帯が太陽光発電しないと原発の一基分にはなりません。現在存在する原発は54基ありますから１００万キロワットの原発を代替するには

120 万 × 54=6,480 万世帯

が必要となります。

これは日本に現存する全世帯数をはるかに上回ります。つまりＲＥで原発のすべてを代替しＣＯ２を削減することなどありえないのです。さらに太陽光についてはより根本的な

問題があります。このタイプの発電には太陽光を有効に利用できるだけの日照があることとパネルをのせることのできる南向きの屋根があることが必要です。特に屋根面積は重要でパネルの一部が日陰になるだけで出力は急激に落ちてしまいますから、さえぎられることのない広さが条件となります。そして日本全体で見るとき、本来太陽光に恵まれているのは太平洋沿岸に偏っています。次の図—13は日本全体の日照の実況を図示したものです。

日照が十分で屋根が南向きで十分広いという条件が加わると、太陽光に適切な世帯数は総世帯数５２００万（２０１０）よりはるかに少なくなってしまいます。例えば太陽光発電世帯数が１０００万件あるとしましょう。これは原発発電能力の３．３基分でしかありません。つまり54基中の６％程度しか代替できません。

風力発電については風況という観点から発電能力には自ら限界があります。とりあえず発電コストを無視してＲＥによって原子力を代替しＣＯ２排出量をゼロにすると言う主張は、ＲＥが原発の現在のＣＯ２削減量の10％程度しか代替しえないという根本的な事実を無視しています。

但しこのような主張には、太陽光発電のコストが将来劇的に下がるという仮定があるとしたら、この仮定が現実的か否かも検証しておく必要があります。「エネルギー・環境会議（コスト等検証委員会報告書）」によれば太陽光発電コストは累積生産量が2倍になれば20％低下する（電力パリティ）という仮定が置かれています。この仮定によっていずれ平均発電コストは平均電力価格に接近するという楽観的予測です。しかしこれは一方で太陽光発電事業者がふえ、家庭での発電世帯数もふえるということを前提とします。そのためには現在導入されている買取制度（ＦＩＴ）が将来も維持されなければなりません。ではこの買取制度は経済学的に見て正当化しうるものであるのでしょうか。買取制度とはＲＥに対して補助金を出すということであり、幼稚産業の保護と呼ばれる経済政策の一種です。経済学では幼稚産業の保護が正当化される条件として、将来保護された産業が自立し、比較優位を持つ産業であることという条件がついています。そうでなければ、国民は補助金を税金という形（ＲＥの場合は強制的になされる追加的な電気代）で支払う意味がないからです。ＲＥははたしてこの条件をクリアできるのでしょうか。国会での審議はこれについて全く触れていません。

さらに今一つ大きな問題は、所得分配上の公正さです。上述したように太陽光パネルを導入する適格性があるのは、日照時間が長く、十分な南向きの屋根を持つ家庭です。買取

図—13

日本の日射量の状況

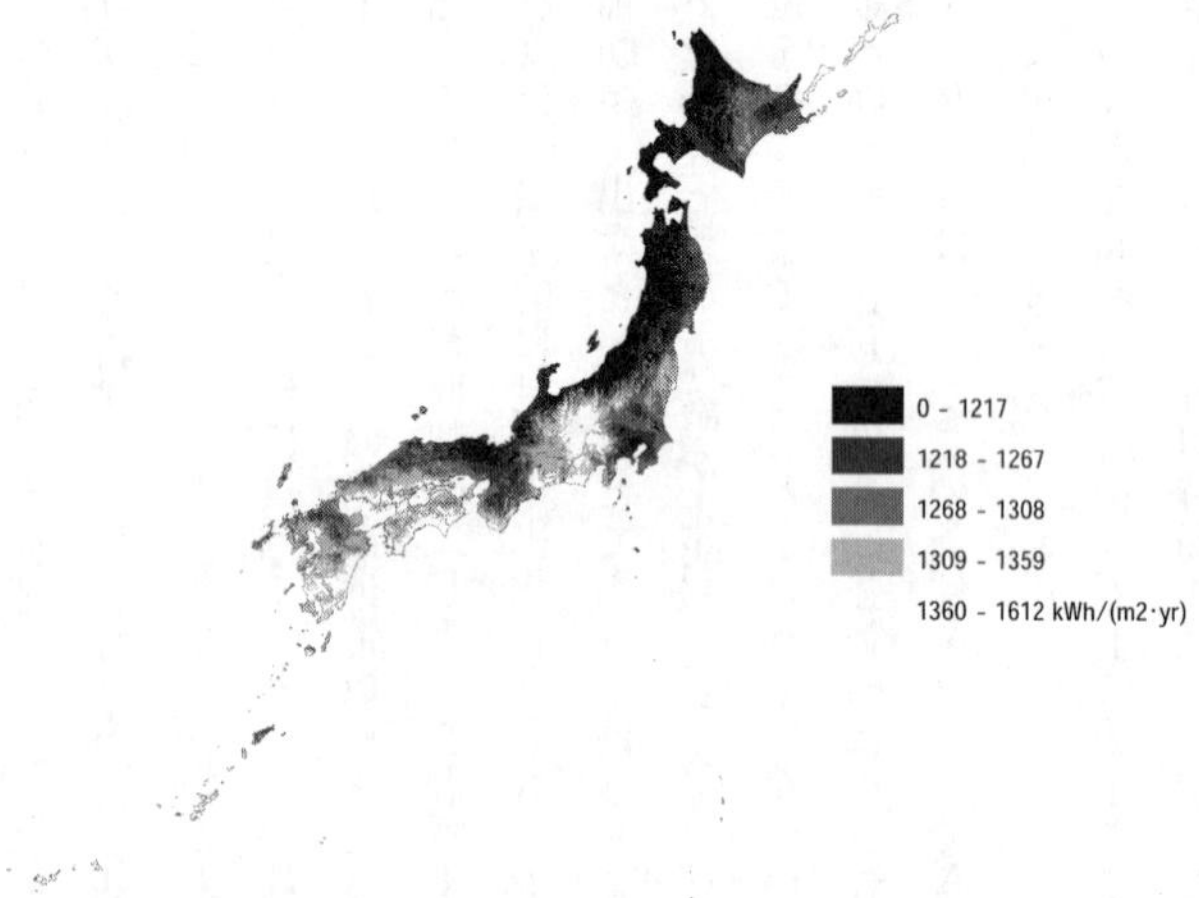

出所：杉原弘恭ほか（2011）「メッシュ気候値を用いた全国住宅の太陽光発電のポテンシャルに関する研究」太陽エネルギー 37-1、日本太陽エネルギー学会 41-48

制度はこれらの家庭を優遇して発電のインセンティブを与えようとしています。しかしここで優遇されるのは日本全体でみて平均よりもはるかに恵まれた立地条件にある人々です。ＲＥは原子力のわずかしか代替できないのは示した通りです。何故これらの人々が優遇されるべきなのか、分配の公正という点で大きな問題がありますが、これも国会で審議はつくされていません。

以上から明らかなように、高発電コストで将来これが低下するかも不確実であり、ディスパッチャブルでなく、ＣＯ２削減に対しても限定的にしか寄与しないＲＥが何故重視されねばならないかは常に問い続けなければなりません。

最後に一つの重大な問題が残されています。仮にＲＥが主要な電源として利用できるとして、これが安定的な送電と矛盾しないかということです。ＲＥはディスパッチャブルではありません。これは動かすことのできない自然エネルギーの本性であす。そうすると安定的な送配電システムを運営するには、何らかの工夫が必要となります。変動の絶えない電源が加わるとしたら、この系統の安定を保つためには十分な蓄電設備が必要です。では、この蓄電のためのコストはいくらかかるのか、そして誰がコストを負担するのかを明らかにしなければなりません。蓄電技術の将来については未だ確定的なことは何も言えません。これは化学反応の世界で原発とは別の意味での危険や、最終的に残滓をどうするのかという問題があります。ＲＥの普及のために既に国民の負担は始まっていますが、これが将来発展するとすれば更なる負担が求められます。しかし、原子力の代替はわずかしか進まず、系統システムの安全性は脅かされる恐れがあります。国民はＲＥの虚像ではなく実像に迫る努力が必要です。

第六章　ＩＳＯとは何か

発送電分離によって一貫した送電から発電への指揮命令系統がなくなると、一貫体制での給電指令所にあたるものが必要となります。一貫統合システムでは給電指令は会社組織の一部であり、一社内という枠組みにおいて最小のコストで発電と送電とがなされるような条件を実現すべく努力します。企業としての費用最小化は明白な目標ですから、電力企業の経営が非効率だという別の視点からの主張はさておいて、給電指令所の役割分担は明白です。これに対して新規参入企業への価格差別をなくすという視点から送電が分離されると、フェアな発電と送電の関係を実現する給電指令所すなわちＩＳＯが独立することになります。欧米ではＩＳＯがアンバンドルされた市場で需要な役割を果たしています。ではＩＳＯとは本質的に何なのでしょうか。アメリカのＩＳＯ／ＲＴＯによるMetrics Reportを参考にすると、代表的なＩＳＯであるカリフォルニア、ニューイングランド、ニューヨーク、ＰＪＭなどが自らを“non-profit, public corporation”と定義しています（注7）。

中立性を標榜する以上このように自称することは自然ですが、では“non-profit”とは一体何を意味しているのでしょうか。電力企業が利潤を追求する過程で給電指令が最小コストの発送電を実現しようとしているのは他から強制されることではありません。絶えず利潤を追求しているからです。しかし、non-profitという組織形態では、ＩＳＯのメンバーに必ず最小費用での給電を目指すというインセンティブが働くのかは自明のことではありません。ＩＳＯは最小コストを実現することに対して報酬を受け取り、もし実現できなければ減収となる仕組みがあるのでしょうか。ＩＳＯの人々はpublic spiritに富んでいて、強制されなくても最小コストを実現する努力をするのでしょうか。ＩＳＯは第三者から厳しい監視を受けていて、最小コストを実現しなければ罰せられるのでしょうか。これらの問は発送電分離を論ずるのに必ず発せられなければならないものです。

あるいはこれを送電の視点から見てみましょう。ＩＳＯは発電会社にコマンドを与え、発電会社はこれに絶対服従するいという関係がなければ垂直統合型のシステムの給電指令の代替にはなりません。するとＩＳＯとは全く利害関係をもたない発電会社に対して絶対的権力を持つ中立機関です。そしてその権限を与えられているからには、公的な官僚組織の一種です。では官僚には最小コストで給電システムを運営するインセンティブが自らあるというのでしょうか。社会常識を持つ人なら「そんな官僚がいればいいな」とは思うが、実在するとは信じられないでしょう。

つまりアンバンドリングを主張する人々にはＩＳＯが給電指令所と同じコスト最小化のインセンティブを持つメカニズムが働くことの説得的な説明をする必要があります。義務を与えれば１００％義務を遂行するはずだというような言説は日本の経験では誰一人信じていません。また、送電コストを最小化するような数学モデルはありますが、それはあくまで一つのモデル（恣意性の残るアルゴリズム）であって、それを実行すれば必ず費用の最小化になるというのは、教科書レベルのトートロジーにすぎません。

アメリカのＰＪＭはこのようなコンテクストでは特異な機能を果たしています。ＰＪＭは１９２７年にペンシルバニア、ニュージャージー、メリーランドを中心としたパワープールとしてスタートしました。アメリカは元来発電しかしない電力事業者が存在し、パワープールとは多くの発電所で発電された電力の取引所でした。ＰＪＭは基本的に卸電力事業の仲介機関としてクラブ的な役割を果たし、よく機能しましたが、一方ではカルテルの一種とも言われました。１９９７年にはＦＥＲＣ（連邦エネルギー資源委員会）によってＩＳＯに最初に認定されたという経緯があります。このような歴史をもつＰＪＭは元来取引仲介機関という給電指令の役割を果たしてきたから、カルテル的と言われたにせよ、共同利潤の最大化すなわちシステム全体のコスト最小化を目指すものとして理解できます。しかし、新たに設立されたＩＳＯの機能とは何かは依然としてわかりません。

アメリカのＩＳＯは運営パフォーマンスの指標（metrics）を毎年発表していますが、給電指令のセンターとして見るとき、送電システムの安定性に疑問を持たざるを得ない数値を発表しています。送電線にスケジュール以外の電力フローがあればそれだけ供給の信頼度は低下します。例えば、ミッドウエストＩＳＯ（総発電量１４５．５７０メガワット）では総発電量に対するスケジュール外のフローの比率は７．１％（２００９）としています。これは日本のシステムでは考えられない比率です。ニューヨークＩＳＯはスケジュール外フローのグラフを次のように示しています。

さらにＰＪＭは供給安定度（不安程度というべきかもしれない）の指標としてＴＬＲ

図―14

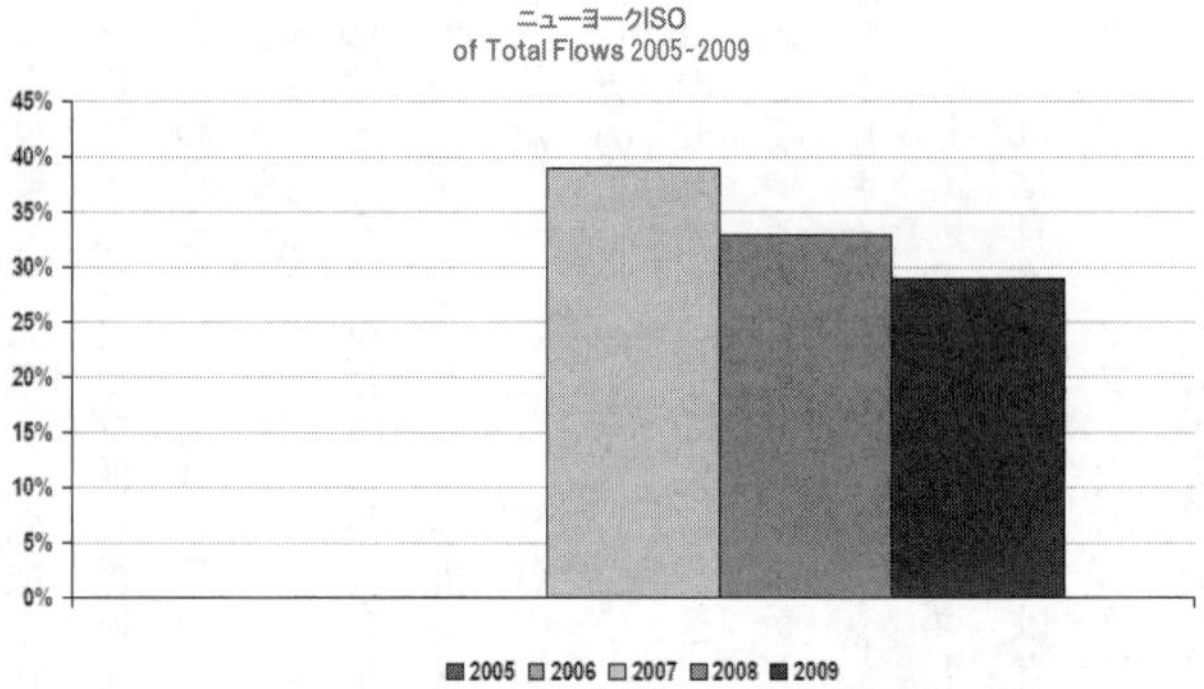

出所:2010 ISO/RTO Metrics Report

図―15

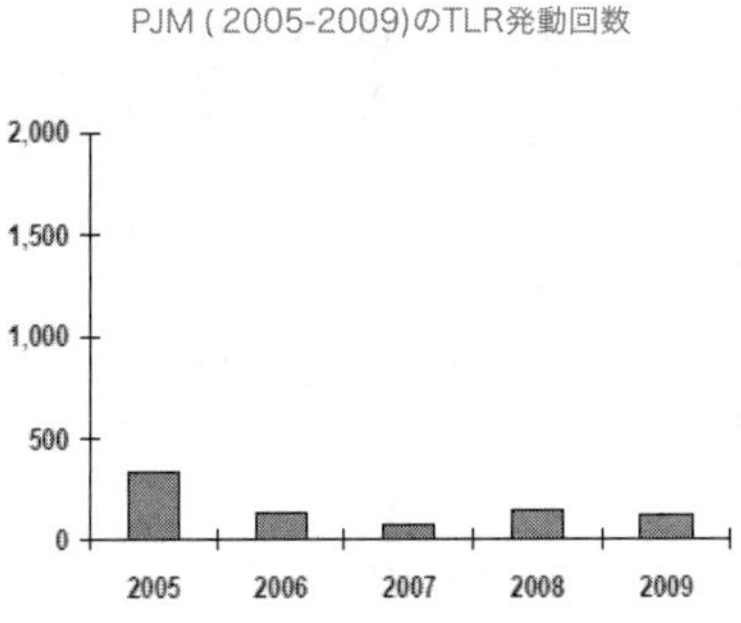

出所:前掲書

図―16

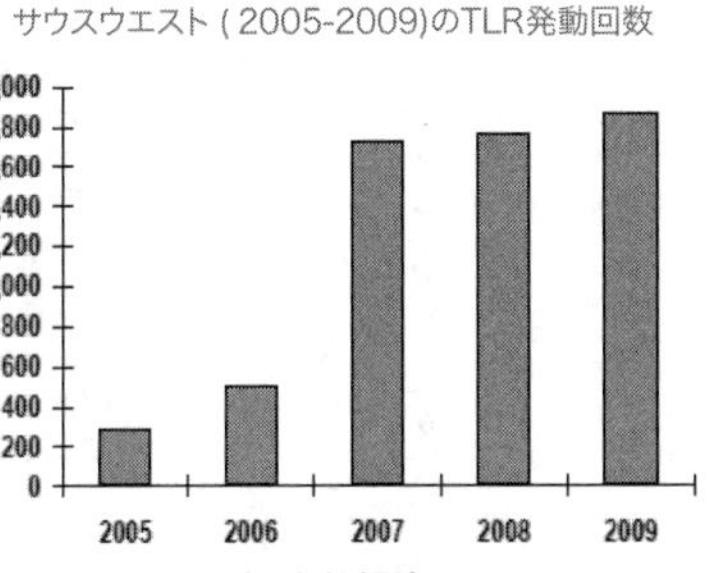

出所:前掲書

（Transmission Load RElief）が発動された回数を次図のように発表しています。ＴＬＲは混雑によって送電線の信頼度が低下したとき、停電を起こさないように緊急救援措置の出される程度です。

同様にサウスウエスト（ＳＰＰ）ＩＳＯ（カンザス、ルイジアナ、ミズーリ、テキサスなどの州をカバー）はより深刻なＴＬＲの指標を次のように示しています。このエリアではＴＬＲの頻度が最近急激に増加していることが読み取れます。

以上で紹介したようにアメリカのＩＳＯのデータは正直にアメリカの送電システムの安定性がいくつかの地域では深刻な状況にあることを報告しています。これはメッシュ型の送電システムが周辺エリアの混雑状況に影響を受けやすいということを示すものですが、ＩＳＯが給電指令センターとしての電力の根幹部分でタイト・ロープの運営に迫られていることを示すものです。

第七章　欧米における市場支配力とパフォーマンス

２０００年代に入ってからＥＵ主要国の競争状況を示すものとして次の表―1があります。ここでは3つの指標によってＥＵ域内での発電事業における競争の程度あるいは市場集中の程度が指標化されています。第一の指標は他に影響を及ぼしうる発電能をもつ電力会社の数、第二の指標は上位3位の市場集中度、第三の指標はハーフィンダール・インデックスです（注8）。

これによれば、上位3社集中度では政策的に集中度を低下させられたイギリス以外には主要国での集中は十分に進んでいます。例外はノールウェイでここでは水力発電が中心なので集中度は低くなります。すなわちEUでのアンバンドリングによる発送電の分離は強制的になされましたが、発電部門で競争的構造を維持することができていません。アンバンドリングの一つの目的は発電会社の市場支配力を排除するということでしたが、現実はそのような目標を達成していないのです。このことと対比させて次に各国の料金水準の推移と利潤率を見てみましょう。

図―16から図―20まではアメリカとEUについて家庭用電気料金と産業用電気料金の推移を見たものです。観察期間については燃料費の上昇があるのでこれを考慮せねばなりませんが、アンバンドリングが競争的構造を生み出し、料金が下落するというような傾向は全く見られません。

表―1　ＥＵ諸国の市場集中の状況

国名	発電能力シェア 5%以上を持つ企業の数				上位3社集中度				発電能力によるフィンダール指数			
	06	07	08	09	06	07	08	09	06	07	08	09
フランス	1	1	1	1	93	93	93	99	7589	6960	7065	7740
ドイツ	5	4	4	4	69	85	85	80	NA	NA	2008	1764
イギリス	6	8	8	7	38	41	42	46	938	986	901	1076
イタリー	5	5	5	5	66	61	58	56	2265	2126	1351	1240
スペイン	4	5	5	5	60	76	73	79	1843	2269	1716	2254
オランダ	4	6	4	6	62	61	70	64	1604	1592	1551	1433
ベルギー	2	2	2	3	93	99.9	98	98	6500	8390	7206	6000
ノールウェイ	5	6	6	4	44	40	43	57	1997	NA	1826	1078
スウェーデン	3	3	3	3	79	86	75	74	880	NA	NA	NA

アメリカについて見れば発送分離のあった州と統合されたままの州とで料金水準の比較ができます。白色がアンバンドリングをしていない23州、黒色が実施している州です。料金の変化率を１９９０年から２０１１年までを見ると、いずれの料金もすべての州で上昇していますが、上昇率はアンバンドリングしている州の方が大きいことがわかります。これはアンバンドリングと料金変化率の因果関係を示したものではありません。しかしアンバンドリングの目的は競争的市場構造をつくり競争の結果、料金の下がることを目標としていたことは明らかです。にも拘らずアンバンドリングした州の方が料金上昇率が高いという事実は少なくとも料金において競争の効果があったのかどうかを疑う一つの手がかりであることは明らかです。

次にＥＵ諸国を中心とした電気料金の推移を１９９１年から２００７年まで見ると２０００年以降すべての国で家庭用も産業用も料金水準が上昇しています。この時期は燃料価格の上昇と重なっていますので、それが料金の上昇の一因としてみなければなりませんが、このような長期のトレンドで料金上昇が持続していることは、やはりアンバンドリングに料金引き下げの効果があったかどうかを疑う一つの材料です。特にノルド・プールを形成して典型的なアンバンドリングの成功例とされているノルウェー、スウェーデン、フインランドについても2000年以降顕著に料金が上昇していることに注目してください。これらの国々には大量の水力という例外的な電源があるわけですが、料金は安定していません。

表二は米欧の主要な電力会社の利潤率を売上高利益率、総資本利益率というもっともポピュラーな利潤率指標で見たものです。

さらに表―三は主要国の利潤率を日本では相対的に利潤率の高い関西電力と2007年時点で比べたものです。どのような指標をとっても、欧米の電力会社の利潤率は驚くべき高さにあることがわかります。

アンバンドルして発電を送電から分離すれば競争的市場がつくられ、利潤率も競争的水準まで下がることが政策目標だったはずです。しかし表の上位3社集中度で見ても、ここでの利潤率で見ても、そのような目標に整合的な成果は上がっていません。このような厳然たる事実に対して、アンバンドルを主張する人々はどうこたえるのでしょうか。

図―17

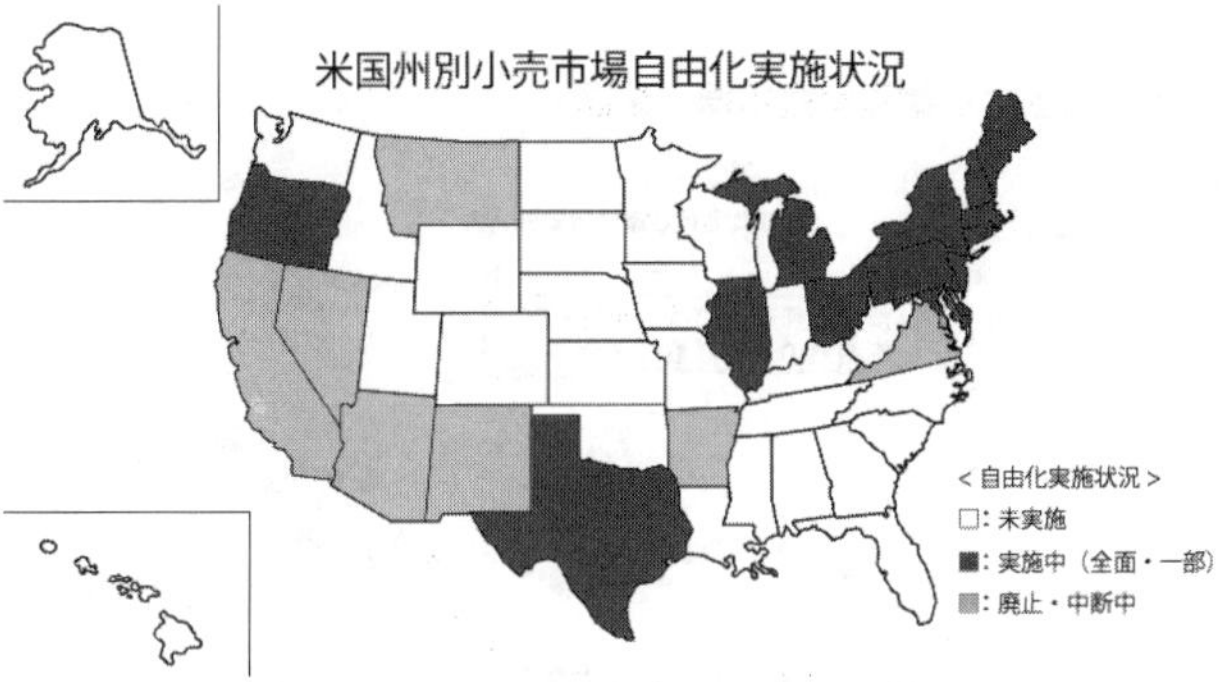

（出所）電力中央研究所

図―18

電力自由化と電気料金水準（米国）

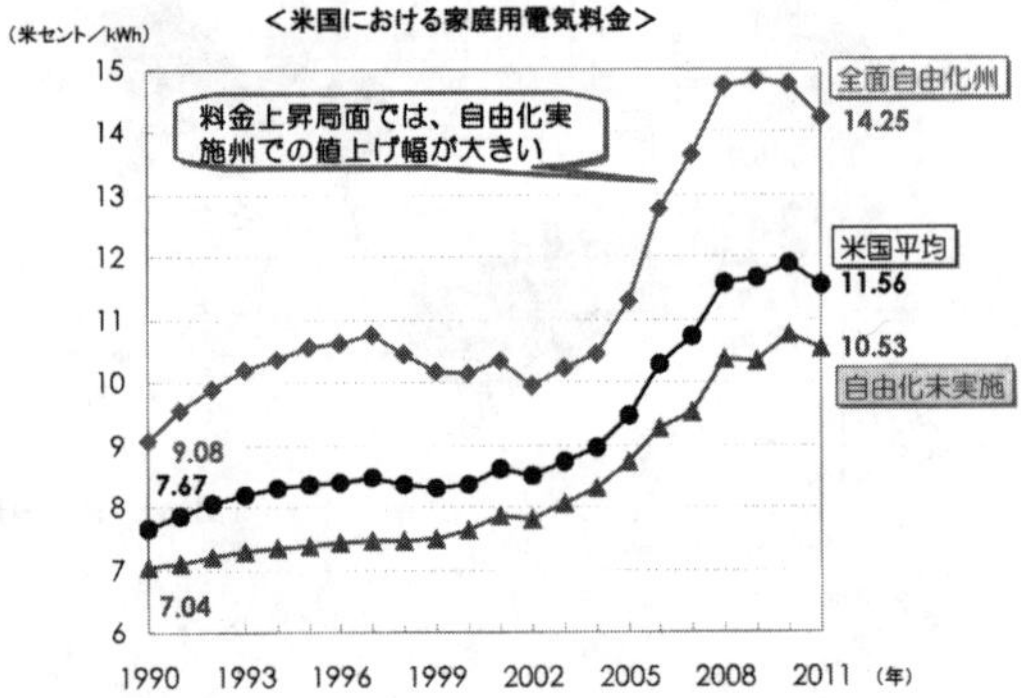

（出所）米エネルギー省エネルギー情報局（EIA）

図―19

発送電分離と電気料金水準（米国）

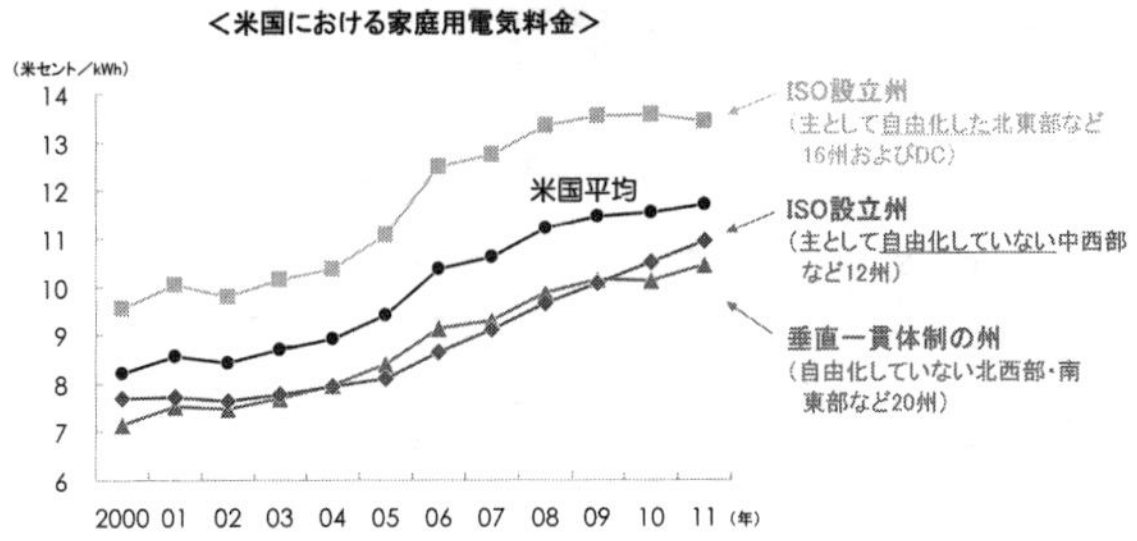

注：2011年は8月までの平均値。ハワイ、アラスカは除く。
ISOの設立状況は2010年現在の連邦エネルギー規制委員会(FERC)資料 による

（出所）米エネルギー省エネルギー情報局(EIA)

図—20

欧州の電気料金変化

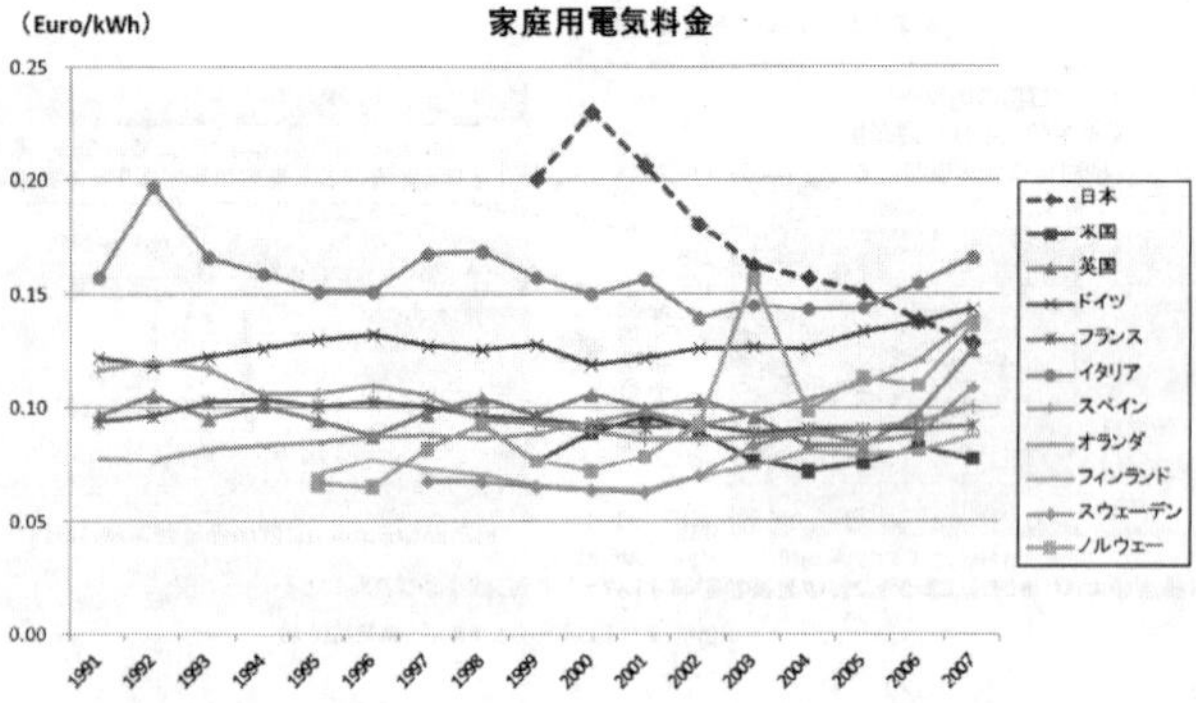

注)Eurostatデータを元に作成
為替レートで換算

（出所）電力中央研究所

図―21

欧州の電気料金変化

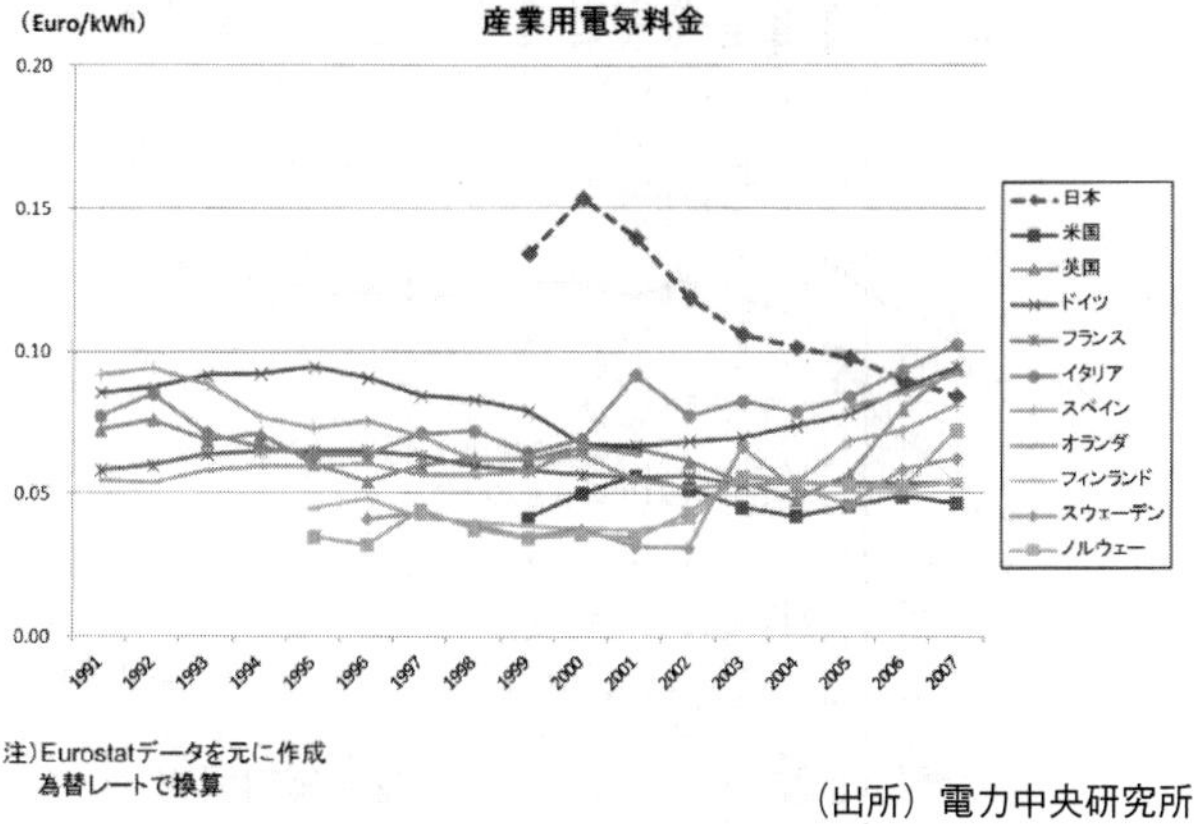

（出所）電力中央研究所

主要電力会社の利潤率

表―2

企業名	Dake Energy	AEP	Exelon	Dominion Resources	Southern Co.	NextEra Energy	Centrica	National Grid	Scottish& Southern Energy	EDF	GDF Suez	E.ON	RWE	Endesa	Ibcrdrola	Enel
主要事業国	米国	米国	米国	米国	米国	米国	英国 米国 スペイン オランダ ベルギー	英国 米国	英国	フランス 英国 イタリア 中国 ポーランド 等	ベネルクス フランス 南米 米国 等	ドイツ 英国 スウェーデン フィンランド ロシア イタリア 等	ドイツ 英国 ハンガリー オランダ 等	スペイン イタリア フランス ポルトガル モロッコ	スペイン 英国 米国 ブラジル メキシコ	イタリア スペイン フランス スロバキア ルーマニア 等
事業内容	電力(発電・送電・配電・小売)	電力(発電・送電・配電・小売)	電力(発電・送電・配電・小売)ガス	電力(発電・送電・配電・小売)	電力(発電・送電・配電・小売)	電力(発電・送電・配電・小売)	電力(発電・小売)ガス	電力(発電・送電・配電・小売)ガス	電力(発電・送電・配電・小売)ガス	電力(発電・送電・配電・小売)ガス	電力(発電・送電・小売)ガス	電力(発電・配電・小売)ガス	電力(発電・送電・配電・小売)ガス	電力(発電・送電・配電・小売)ガス	電力(発電・送電・配電・小売)ガス	電力(発電・送電・配電・小売)ガス
[財務状況]																
総資産	59,090	50,455	52,240	42,817	55,032	52,994	19,275	46,400	21,450	240,559	184,657	152,881	93,077	62,588	93,701	168,052
株主(自己)資本	22,522	13,622	13,560	11,997	16,909	14,461	5,819	9,069	5,201	31,317	62,205	45,585	17,417	23,164	31,863	53,545
売上高	14,272	14,427	18,644	15,197	17,456	15,317	22,423	14,343	28,334	65,165	84,478	92,863	53,320	29,558	30,431	73,377
営業利益	2,461	2,663	4,726	2,808	3,802	3,243	3,074	3,745	2,368	6,240	8,795	9,454	7,681	5,031	4,829	11,258
当期純利益	1,323	1,218	2,567	1,971	1,975	1,957	1,942	2,163	1,505	1,020	4,616	5,853	3,308	5,118	2,871	5,673
(単位)	(100万ドル)	(100万ドル)	(100万ドル)	(100万ドル)	(100万ドル)	(100万ドル)	(100万ポンド)	(100万ポンド)	(100万ポンド)	(100万ユーロ)	(100万ユーロ)	(100万ユーロ)	(100万ユーロ)	(100万ユーロ)	(100万ユーロ)	(100万ユーロ)
売上高営業利益率(%)	17.2	18.5	25.3	18.5	21.8	21.2	13.7	26.1	8.4	9.6	10.4	10.2	14.4	17.0	15.9	15.3
総資産利益率(%)	4.2	5.3	9.0	6.6	6.9	6.1	15.9	8.1	11.0	2.6	4.8	6.2	8.3	8.0	5.2	6.7
株主資本利益率(%)	5.9	8.9	18.9	16.4	11.7	13.5	33.4	23.9	28.9	3.3	7.4	12.8	19.0	22.1	9.1	10.6
株主資本比率(%)	38.1	27.0	26.0	28.0	30.7	27.3	30.2	19.5	24.2	13.0	33.7	29.8	18.7	37.0	33.8	31.9

（出所）海外電力調査会

表―3　利益率比較（2007年）

	売上高営業利益率	総資産利益率	株主資本利益率
アメリカ（6）	22.3%	8.0%	16.3%
イギリス（3）	19.0	9.5	33.4
スペイン（2）	29.5	8.1	14.4
ドイツ（2）	15.3	7.7	15.9
スウェーデン（1）	19.9	8.5	16.7
日本（1）	5.7	2.16	8.1

(注)（　）内は企業数
日本は関西電力の連結決算値である

注

（1）ジョン・ロールズ『正議論』（川本隆史、福間聡、神島裕子訳、紀伊國屋書店、２０１０）

（2）アマルティア・セン『福祉の経済学―財と潜在能力』（鈴木興太郎訳　岩波書店、１９８８）

（3）ノルド・プールの価格分布については次の実証分析がある。T. Nambu and T. Ohnishi “The dynamics and distribution of the area price in the Nord Pool” The Journal of Economic Interaction and Coordination (2010), PP181-189.

（4）この分野で代表的なものは伊藤秀史『契約の経済理論』（有斐閣、２００３年）がある。不完備契約については本書の第９章を参照

（5）前掲書Ｐ362―365を参照

（6）最近の状況については次を参照。石井彰「『再生可能』の限界認識を」日本経済新聞　経済教室　２０１２年２月８日号

（7）２０１０　ＩＳＯ／ＲＴＯ　Metrics Report による

（8）ハーフィンダール・インデックスとは、ある産業に所属する各企業のマーケット・シェアの2乗を合計したものである。独占の場合は$1^2=1$ 2社が各50％のシェアなら$(0.5)^2+(0.5)^2=0.5$などとなる。便宜上これを1万倍して示すので、それぞれ10,000，5,000などと表記する

第三編　電気の技術的商品特性とスマートグリッド

第一章《めげない》エネルギー供給ネットワーク

〔一〕エネルギー社会環境と技術者・研究者の役割

二十世紀は産業革命によって開花した物質文明が最も成熟した世紀であり、欧米を中心とする多くの国が物の豊かさを享受した世紀です。この豊かさを支えてきたのが、石炭、石油等の化石燃料を中心としたエネルギー資源ですが、二十世紀末には発展途上国の急激な経済発展に伴う資源の枯渇問題や資源価格の高騰、炭酸ガスなど温室効果ガス排出による地球温暖化問題、環境汚染問題などが顕在化してきて、エネルギー問題の解決が最重要課題として浮上してきました。しかし、エネルギー（Energy）問題は、地球環境（Environment）問題や経済（Economics）成長問題と密接に絡み合っていて解決の困難な3Eトリレンマ問題となっていますが、これを解決することが持続可能な社会の形成に重要であるという提言が電力中央研究所よりなされています。この3Eトリレンマ問題の一つの解決策は、エネルギー問題を残りの二つの問題から切り離すことであり、その方策として再生可能エネルギー利用が近年注目を浴びています。このため、再生可能エネルギー利用の国による積極的な技術開発や普及促進策が取られています。実際、エネルギー問題が解決すれば、他の問題の解決が今より簡単になることは容易に想像できます。（図1―1参照）このエネルギー問題の解決は、利便性、効率性、安全性から電気エネルギー問題の解決にあると言って過言ではありません。即ち解くべき問題は、「電気を如何に持続的、安定的かつ効率よく作り、如何に賢く利用するか」と言うことです。

以上の観点から、二十世紀末頃から「次世代電力供給網のあり方」について、学会や産業界での議論が始まってきており、例えば二〇〇三年六月には日本電機工業会（ＪＥＭＡ）が次世代電力供給ネットワークに関する提言書として「分散型電源の普及促進のための調査報告書」を纏めています。

この提言書の背景は、近年発達の著しい再生可能エネルギーを活用した分散形電源技術や情報通信関連技術を駆使して、地球温暖化問題や一次エネルギーの枯渇問題を解決して持続可能な社会を構築するために、従来の電力会社の商用電力供給網に頼った電力供給から、需要家側にも電力供給網を構築し、両者が協調して運用される新しい電力供給網を構築しようというものです。そして、このシステムの構築の鍵は、情報通信技術を活用して電力会社の商用電力供給網と需要家側電力供給網が競争しながら共に生きる「競生関係の樹立（需要家内電力供給網と商用電力供給網は競争関係にありますが、お互いに役割分担

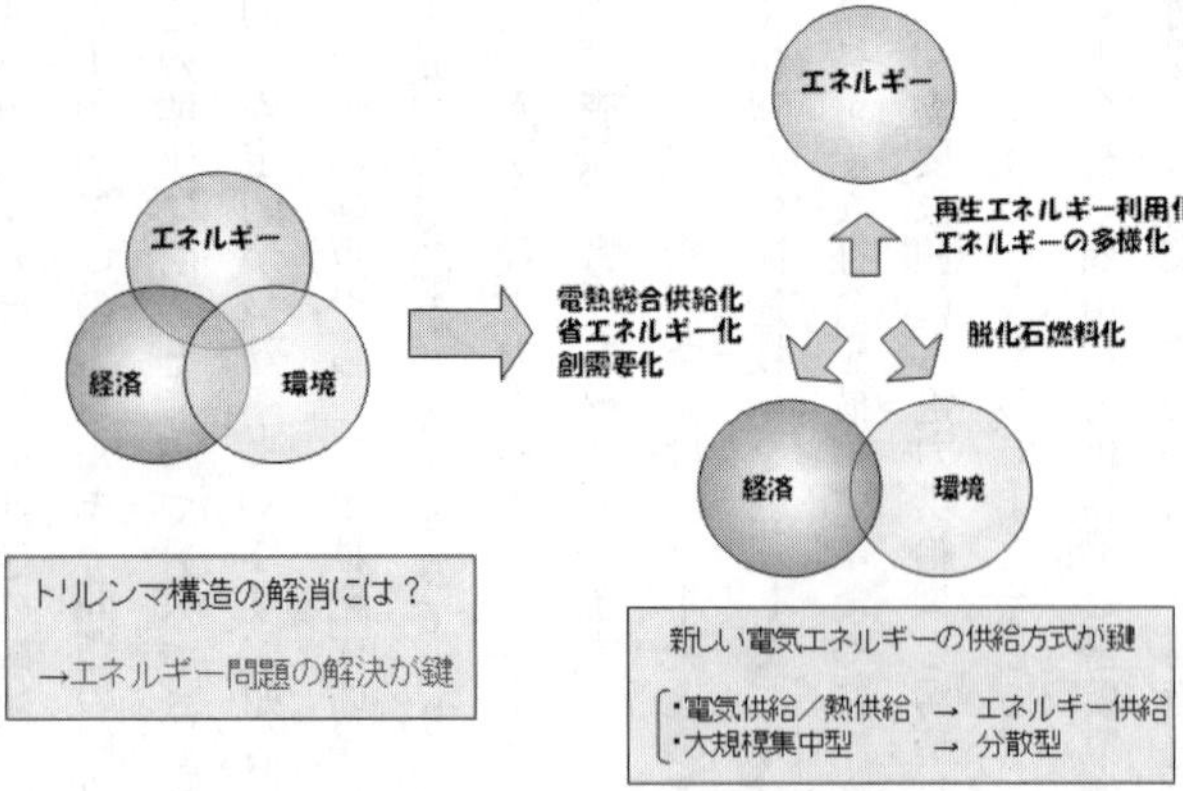

図 1-1　3 E トリレンマ問題とその一解決策

することで協調関係を樹立し、真に経済性と安定性・信頼性を確保した電力供給網を構築)」にあるとしています。図1―2に従来の電力供給ネットワークと新概念の電力供給ネットワーク（地域内融通型電力供給ネットワーク）の概念図を示します。

しかし、これらの問題解決は社会生活と密接に関連するために消費者側を巻き込んだ議論の喚起が必要ですが、これが十分になされたかというと、はなはだ疑問です。この原因は種々考えられますが、エネルギー政策の立案者である国、その実施者である企業および消費者のすべてにあると考えています。例えば、国や企業は、利便性の追求にはリスクを伴うことを十分に周知させたか、また消費者は上記に対して無関心もしくは人任せでなかったかということです。言い換えると、「学会や産業界は、問題点を含む研究成果を広く社会に対して周知させたか」という問になりますが、答は「否」です。この原因は、我々の持つ「問題先送り体質」や一般的な科学者や技術者の「科学者や技術者の本分は各種施策を技術により実現することであって、施策を議論することではない」という施策立案への無頓着さにあると考えています。今日本では二〇一一年三月の震災以来、原子力のリスクに関する議論や再生可能エネルギー利用に関する議論に注目が集まっていますし、更には電気事業の形態に関する議論も再燃しています。しかし、冷静に考えると、豊かで住み

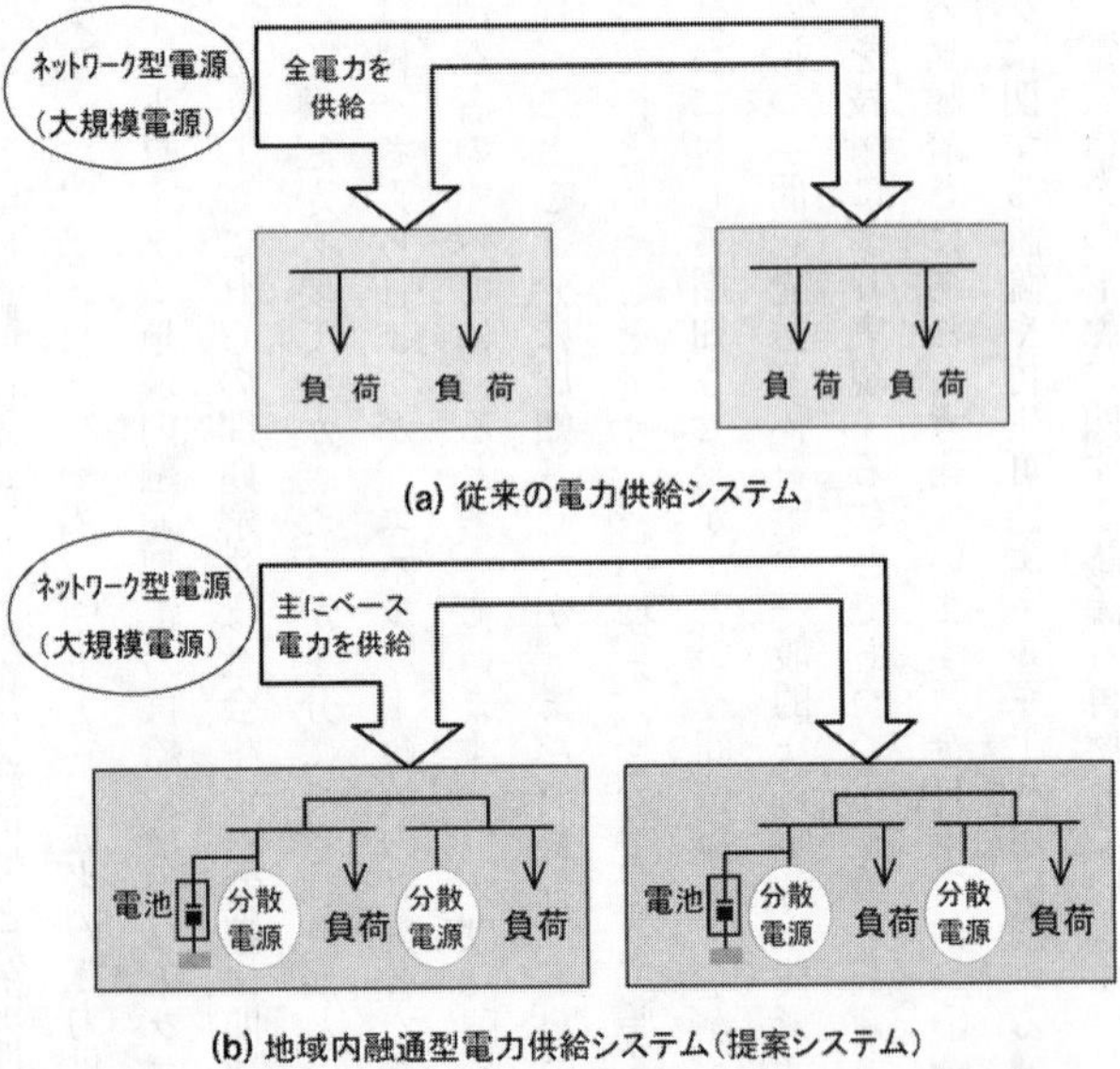

(a) 従来の電力供給システム

(b) 地域内融通型電力供給システム(提案システム)

図 1-2　JEMAの新概念の地域内融通型電力供給ネットワーク

やすい持続性のある社会を維持するための次世代電力供給ネットワークの再構築に関しては、解がすぐに出る「魔法の杖」はありません。このために、広い視野で多様な観点から社会全体でこの課題を議論する事が必要です。そこで以下に「持続可能な社会」を構築する上で重要な要素である「次世代電力供給網」の在り方を考えるにあたり、「電力供給網は重要な社会インフラであって、その再構築は社会実験ではない」という視点に立って、「次世代電力供給網」に対する幾つかの論点に関する見解を纏めます。無論、電力供給網の再構築も社会実験の一つで、実験の過程で問題が出ればその都度解決してゆくという立場もありますが、本章ではこの立場はとりません。また、技術者・研究者も「言うべき時に何も言わないのは、無頓着ではなく社会への怠慢である」との視点から、社会全体に対して広く議論を喚起するためにも本章を纏めています。

〔二〕日米の電力事業や電力系統の違い

次世代電力供給網の最終目標は安全性、安定性、品質性、受容性及び経済性を担保した電力供給網の構築にありますが、この点では世界各国は同一目標を持っていると言えます。しかし、現時点の電力事業の形態や電力供給網の構成などの現在のポジションは各国異なっていますし、電力供給網の構成に当たっての基本的な考え方の違いから最終目標への到達経路も各国異なっています。このために、次世代電力供給網を議論する上では日本と諸外国の電力事業や電力系統の違いを知ることは重要であると考えます。そこでまず最初に、電気事業形態に関しての日米の現状比較を表1―1に記載します。

次に、日欧米の電力供給網の違いを表1―2に示します。電力系統の構成には、図1―3にしめすようにメッシュ（網目状）系統とくし型（放射状）系統があり、系統間連系には疎連系と密連系があります。発変電所間または変電所相互間が複数の異なるルートの送電線で接続・運用されている系統をループ系統、そのループ系統が複数連系した系統をメッシュ系統と呼びます。それに対して、発変電所間または変電所相互間が一ルートの送電線で接続・運用されている系統を放射状系統と呼びます。欧米各国の系統構成はメッシュ状で、かつ国家間も多点連系されているので、全体がメッシュ系統となっていますが、日本では、各電力会社の基幹系統はループ系統、都市部・地域供給においては放射状系統が基本で、電力会社間は北海道から九州までの九社の系統はくし型（放射状）に接続されています。

表1―3に、定常状態におけるループ（メッシュ）系統と放射状系統の違いについて示

表 1-1 日米の電気事業形態の比較

類型 (代表国)	電気事業の特徴比較	構築の目的
米国	水平分割型と垂直統合型の混在 ・現在でも3000社 ・通信は一般公衆回線網を使用 ・慢性的な供給量不足 ・自動化率が低い(停電時間が長い)等	・老朽化した電力網の再構築と強化 ・自動化の推進による供給信頼度向上や系統運用の効率化(デマンド・レスポンス等) ・盗電防止
日本	垂直統合型 ・10社(他にIPPやPPS) (明治末327社→大正末頃611社) ・通信は自前の専用回線網を保有 ・長期計画に基づく充分な供給量を確保 ・高い自動化率(停電時間が短い)等	再生可能エネルギーの積極的な導入 ・一次エネルギーセキュリティの確保 ・低炭素型社会の構築

表 1-2 日本と欧米の電力系統構成の比較

	欧米の系統	日本の系統
地勢	広い	細長く狭い
需要	各地に散在	沿岸に密集
電源	沿岸・内陸	沿岸
系統構成	国内の系統構成：メッシュ系統 国家間の系統構成：メッシュ系統	連系系統は構造的にくし型系統
連系	密連系	疎連系
需給バランス	電力の相互融通が基本	各電力会社の供給区域内で需給バランスをとる
系統変動対応能力と事故対応能力	大きい	メッシュ系統に比較して小さい
系統保護制御	難しく、制御装置のコスト大	簡単で、制御装置のコスト小

出典：経済産業省 資源エネルギー庁 電力基盤整備課「電力系統の構成及び運用に関する研究会」報告書

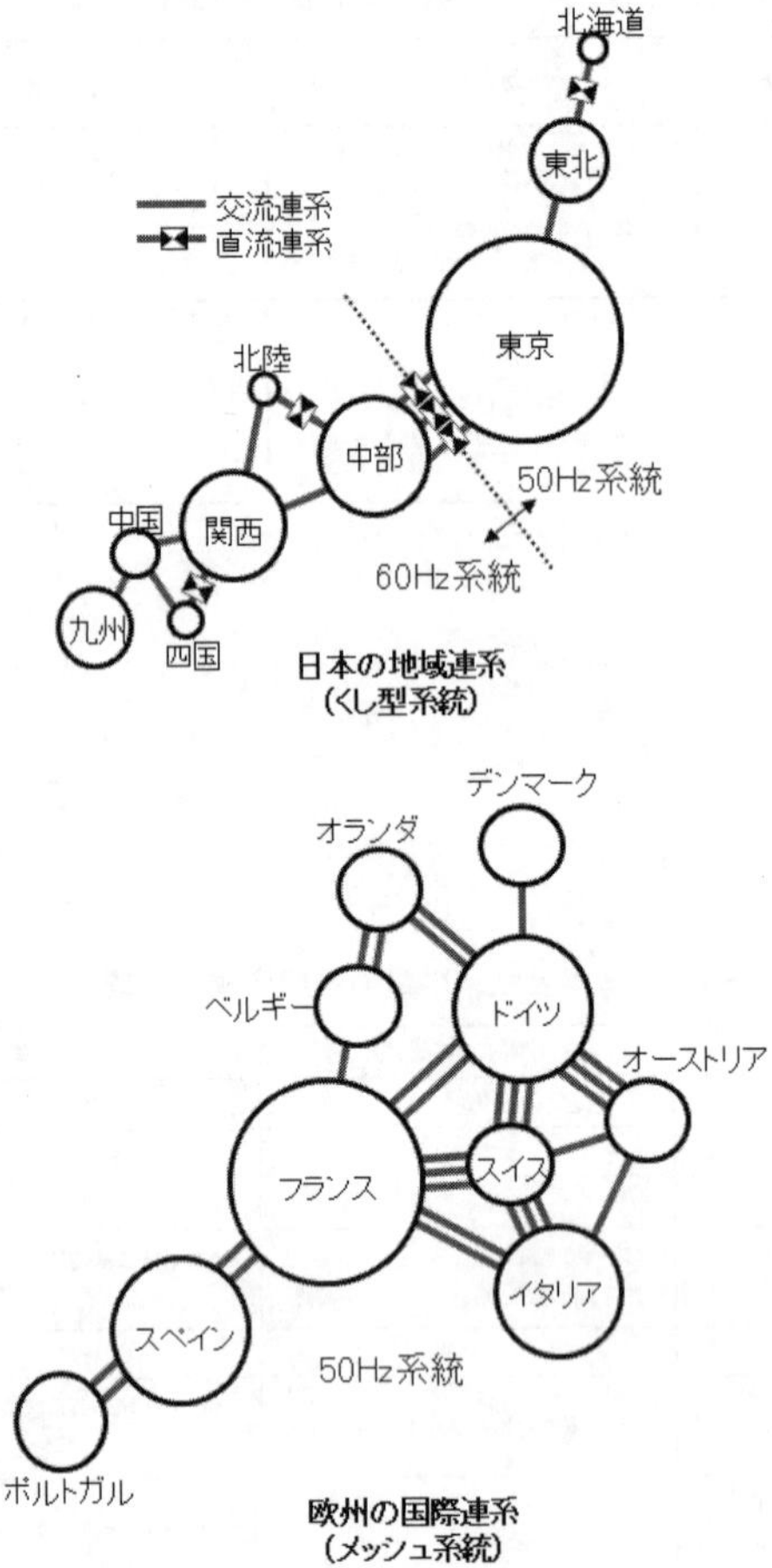

図 1-3　くし型系統とメッシュ系統

します。ループ(メッシュ)系統は潮流管理が難しく、潮流・電圧調整が複雑であるのに対して、放射状系統では、各社とも自社地域の潮流のみを監視すればよいので、潮流・電圧調整が容易である言う特徴を持っています。

表1―4に、事故時におけるループ(メッシュ)系統と放射状系統の違いを示します。系統構成や事故の状況によって異なりますが、一般的には小・中規模程度の事故については、ループ(メッシュ)系統では停電が発生しないのに対して、放射状系統では事故地点の下流側では停電が発生します。しかし、大規模な事故が発生した場合、ループ(メッシュ)系統では連鎖的に事故が波及し、大規模停電に至る可能性があるのに対して、放射状系統では、事故地点以下では停電が発生しますが、連鎖的に事故が波及する可能性は低くなります。このことより電力系統の運用においては、ループ(メッシュ)系統では事故の拡大を最小限に抑えること、放射状系統では停電範囲を限定的にすることが重要となります。

以上のように、系統構成の違いにより、定常・事故時の様相が大きく異なります。また、電力の融通や調整に関しては、欧州では大陸内での密連系が行われているため、国家間での融通・調整が可能でありますが、日本では、ほとんどが一点連系のくし型構造とな

表 1-3　定常運用のループ（メッシュ）系統及び放射状系統の比較

	ループ（メッシュ）系統	放射状系統
供給の能力（アデカシー）	大（設備利用度大）	小
混雑管理（潮流・電圧調整）	複雑	簡単

出典：経済産業省 資源エネルギー庁 電力基盤整備課「電力系統の構成及び運用に関する研究会」報告書

表 1-4　事故時のループ（メッシュ）系統及び放射状系統の比較

	ループ（メッシュ）系統	放射状系統
事故時の供給能力	大	ループ系統と比較して小
小・中規模程度の停電	停電は発生しない	下流側に停電発生
事故波及防止能力	小：想定外（カスケード）事故で全系統崩壊の可能性がある	大：当該系統のみ崩壊
事故波及防止リレーの有効性	整定が複雑。場合によっては悪影響をもたらす	有効
短絡電流	大：場合によっては遮断容量を超える	抑制できる

出典：経済産業省 資源エネルギー庁 電力基盤整備課「電力系統の構成及び運用に関する研究会」報告書

っており、各電力会社の供給区域内で需給バランスをとることを基本としているため、再生可能エネルギーの大量導入に際して欧州と比較しても導入レベルに大きな制約が存在します。このように、系統構成の違いのために、再生可能エネルギーの電力利用に関しては、系統規模と比較して日本の系統は導入量が小さいのが現状です。しかし、二〇一一年の関東・東北地方を襲った大震災後に電力会社間の電力融通量の少なさに起因して関東地方に十分な電気を送れなかった現実を考えた場合、電力会社間の電力融通用の連系線強化による骨太体格の形成が必要であると考えます。このために、今後は電力会社間連系のあり方を見直すことも大切と考えます。

〔三〕次世代電力供給ネットワークの最適解

電力供給は、供給安定性（継続して必要な電力が必要な時に供給出来る事）、信頼性（事故が少なく、事故が発生しても大規模な停電に至らないで、短時間で復旧出来る事）、品質（電圧・周波数・波形などが適正で停電や瞬時電圧低下が少ない事など）、経済性（適正な電気料金で電力の供給が出来る事）、安全性（安心して電気が使える事）を担保しつつ地球環境に優しい電気を需要家に届けるという責務を負っています。二〇一一年の大震災以前は、上記の諸性質を満たす世界的にも誇れる電力供給が実施されてきていたと自負していましたが、大震災以後は、供給安定性や安全性に対する従来の考え方に疑問符が付いています。即ち、現行の大規模集中型供給形態、電力会社間の独立性重視の供給形態の自然災害に対する脆弱性がクローズアップされ、電力系統構成の再検討が求められています。この社会ニーズの急激な高まりに対して、十分な情報開示に基づき、電力事業者だけでなく需要家を含めた社会全体での議論が重要と考えます。要は、エネルギー資源が有限である事を考えた場合、電力事業者の変革のみならず、消費者も意識改革をする時期に来ていると言えます。

大震災でクローズアップされた課題は、現行の大規模集中型供給形態の自然災害に対する脆弱性です。したがって、今後の最適解は、小規模分散電源の導入促進と既存の大規模集中型電源との協調運用制御による自然災害時の供給障害リスクを低減した電力供給網の構築にあります。さらには、地球環境問題への対応、エネルギー自給率向上という課題へ対応出来る電力供給網の構築です。この課題の解決手段の一つとし再生可能エネルギーの導入拡大が図られています。ただし、再生可能エネルギーにおいて忘れてはならないのが、一部のものを除き出力が変動する特性を持つという点です。現行の供給形態では、電力は必要な時に必要なだけ利用できる状況にありますが、出力変動という特性を有する電源が支配的な状況下においては、この現状が維持されるという保証はなくなります。このため、電力供給システムへの影響を抑制する対策とそのコスト負担を踏まえながら、再生可能エネルギーの導入を拡大するという考え方が必要となってきます。この解決策としては、図1―4に示すような従来の電力供給の概念にとらわれない新しい概念に基づく電力供給網の構築が必要となります。

図1―4は、発電・送電・配電・需要家という従来の役割分担ではなく、発電・輸電・供電・用電という新しい概念を取り入れて各々の役割を明確化した、新しい電力供給網（スマートグリッド）の形です。ただしこの図は各機能ブロックのファンクションを示すもので、電気事業の事業形態を示すものではありません。

・従来の「発電」と新しい「発電」：従来の発電は、火力発電、原子力発電、水力発電を中心とした大規模固定電源により、需要に応じて電力を発生することを主な役割としてきました。新しい「発電」とは、従来の大規模集中型の発電設備に加え、メガソーラーやウインドファーム等の大規模発電施設を含むものであり、環境性ならびにエネルギー自給率の向上に資するのみでなく、災害による周辺地域への影響や二次災害のリスクを低減する

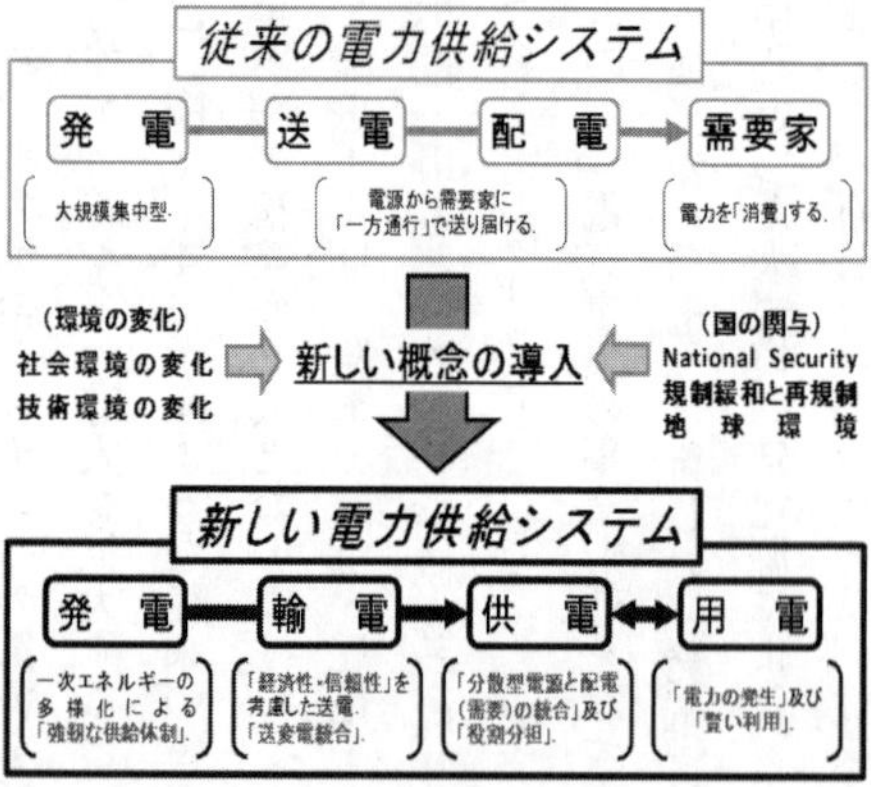
従来の電力供給システム
発　電
送　電
配　電
需要家
大規模集中型.
電源から需要家に
「一方通行」で送り届ける.
電力を「消費」する.
（環境の変化）
社会環境の変化
技術環境の変化
新しい概念の導入
（国の関与）
National Security
規制緩和と再規制
地　球　環　境
新しい電力供給システム
発　電
輸　電
供　電
用　電
一次エネルギーの
多様化による
「強靭な供給体制」.
「経済性・信頼性」を
考慮した送電.
「送変電統合」.
「分散型電源と配電
（需要）の統合」及び
「役割分担」.
「電力の発生」及び
「賢い利用」.

図 1-4　新しい電力供給システム

機能を付加されます。

・従来の「送電」と新しい「輸電」：従来の送電は、発電所から需要地までを繋ぎ、需要地に電力を送り届けることを役割としてきました。新しい「輸電」とは、電力会社間の連系を強化した相互融通可能な骨太な送電網を示しており、各電力会社の管轄という壁を超えた柔軟な電力流通制御を実現するものです。即ち、電気はネットワークが決まればキルヒホッフの法則に基づき「流れるもの」から、兵站の概念（目的物を目的地に高確率もしくはリスク最小で届ける）を取り入れて、発電と需要の位置関係、送電系統の設備状況と信頼度、雷害等の事故確立を考慮して「輸送するもの」へ変貌すると考えています。

・従来の「配電」と新しい「供電」：従来の配電は、送電網から受電した電力を需要家に対して単に「配る役割」を果たすものでした。新しい「供電」とは、ICT技術等を駆使してネットワーク電源からの電気と自系統内（従来の配電用変電所内）の発電設備（蓄電設備を含む）からの電気を自系等内の需要家に効率良く、且つ経済的に「供給するもの」となります。

・従来の「需要家」と新しい「用電」：従来の需要家は、必要とする電力の供給を受けてそれを消費するという位置付けでした。新しい「用電」とは、単に電力を消費するのではなく、電力供給システム全体と協調して電力を上手に利用し、需要と供給のバランス維持に貢献する役割を担うものです。即ち、需要家は電気を「消費する」ものから、需要家内の発電設備を使って効率よく電気を「利用するもの」へと変化を求められます。また「需要量を満たす供給量」から脱却して、「供給量を制約条件とした最適需要のあり方」への転換も求められます。

二〇一一年三月の大震災以後の状況から判断して、京都議定書以降の議論において言われていた「絞り切った雑巾をさらに絞らなければならない」の雑巾は実は絞り切っていなかったことが明らかになりました。国民全員が、エネルギーを如何に利用すべきかを真摯に考える時期にきています。短期的に考えれば、現状では利用できる発電・送電設備の種類や容量など、可能な選択肢自体が限られているため前述の新システム実現は不可能ですが、中長期的な実現に向けた技術開発・制度改革の検討が必要な時期に来ています。一方で、電力品質等の指標に対しても、どの程度の水準を要求するかの合理的な見直しも必要となると考えます。例えば、電圧範囲（一〇一±六V、二〇二±二〇V）に係る規制の見直しや周波数維持水準の見直しなどについては、早期に検討すべきです。また再生可能エネルギーの系統連系協議手続きの標準化や、情報を開示して電力市場の透明性を高めることも重要です。

〔四〕電力供給網の状態遷移と電力供給の安定性

電力供給網の状態には、定常状態、緊急状態および復旧状態があり、電力供給の安定性を論ずる場合には各状態での安定性を論ずる必要があります。定常状態とは、電力需要に対する電力供給量は十分で電力品質を維持しながら安定して電力を供給している状態であり、定常状態における課題は、出来るだけ定常状態に留まる確率を高くし、緊急状態に至らないようにすることです。緊急状態は大規模な発電所の事故や基幹送電線の事故で大幅な電力供給量不足や電力供給量過剰に陥った状態で、早急な負荷制限や発電制限により需要と供給バランスをとって電力供給が崩壊するのを防ぐのが最優先の課題となる状態です。復旧状態は緊急状態の次に来る状態で、例えば一部に停電地域は存在しますが残りの大部分では品質が維持された電力が安定的に供給されている状態です。復旧状態での課題は、如何に早く一部地域の停電をなくし定常状態に戻すかです。

この観点からすると、発電電力量から見た電力の安定供給の面での定常状態の課題は供給予備率を高く維持することですが、予備率を高くすることは設備稼働率を下げることであり経済性の面で問題となります。電力輸送面からすると、送配電設備の能力を増強したり、予備線等の建設による送配電設備の多系列化で電力輸送力を増やすことですが、やはり設備の利用効率を下げることになって経済性の観点からは問題を残すことになります。緊急状態では、品質の維持や経済的な電力供給は二の次で、電力供給が崩壊して全域停電に至ることを防止する系統安定化が最優先の課題となります。電力供給面からすると停電地域を如何に極小化するかです。復旧状態においては、可能な限り発電設備の復旧もしくは新設による発電電力量の確保と送配電設備の復旧により電力輸送量を確保して電力供給不足状態から抜け出すことが最重要課題で、決して二〇一一年三月に関東・東北地域を襲った大震災後一年を経過しても復旧の目処も立たない鉄道と同じ状態に陥る事の無いようにすることが重要です。

〔五〕発送配電分離と電力の安定供給

東京電力（株）は、二〇一一年の震災直後の電力供給量不足に対応するために計画停電（輪番停電）を実施したことで、経済活動や日常生活に支障をきたす状態に陥った社会から激しい批判を受け、発送配電分離などの電力自由化議論を再燃させる事態になっています。ここでは、発送配電分離が震災直後の電力不足から来た計画停電の防止に有効か否かの点のみを考えてみます。

まず、供給量不足の時の対策ですが、供給量不足が発生した時にこれを放置すると電力供給網全体が崩壊し、系統全体が停電する事態に陥ります。これを防止するために各電力会社は周波数保護継電器などを設置して、供給量が不足して周波数が低下した場合には全系崩壊に至る前に一部の地域を停電させる負荷遮断を実施しています。これは蜥蜴の尻尾切りであって、一部の地域を犠牲にして全体を守る行為ですが、この問題点はどの地域が何時に蜥蜴の尻尾になるか分からない点であり、計画停電に比べて停電範囲が大きくなることです。供給量不足が予測された時に、計画停電で需要を減らすことで全系停電を防止するのがよいのか、需要家に使用電力の削減を要請し、削減量不足で電力不足発生した時に突然に停電させるのが良いのかは議論の余地はないと思います。批判は計画停電の実施方法が硬直的かつ不透明であると言われている点ですが、如何に議論を尽くしても停電地域に選ばれた需要家を満足させる説明は不可能と思います。停電地域の選定は乱数等を使用して、無作為にどの地域も同じ条件にした選定方式を採用するしか方法はないと思います。ただ、病院等の重要施設を選択しない系統構成が採用されていなかった点などの反省点はあるので、今後の系統構成方式の見直しは必要と思います。

次に、計画停電ですが、計画停電は「ブラウンアウト」と呼ばれて従来から電力の供給量不足時の対策として採用されてきた方法です。ブラウンアウトとは輪番停電や電圧を下げたりすることで需要を抑制し、全系をある時間帯で見た時に、健全な状態即ちホワイトではないが、停電即ちブラックな状態には至っていない状態の意味です。これが発送配電分離をすることで避けられるかですが、発送配電分離を実施している国でも、二〇〇〇年以降でも米国で五件、イタリアで一件、韓国で一件発生している事実のみ記載します。二〇一一年九月一五日に韓国（発送配電分離を実施済み）での計画停電に関してですが、韓国では二〇〇八年頃から電力の予備率が急速に低下していました。この結果、二〇〇八年の平均予備率は9．1％でしたが、二〇一一年の平均予備率は5．6％まで低下し、二〇一一年九月一五日においては、予備率が0．36％にまで低下したために、大規模停電を回避するために輪番停電に踏み切りました。韓国の問題は二〇〇八年より何故予備率が年々低下したかです。韓国のこの状態は少なくとも二〇一五年頃の原子力発電所運開で予備率が回復するまで継続すると思われます。

また計画停電ではありませんが、二〇〇六年に発生した送電線のカスケード遮断による欧州の大停電は、電力系統の送電能力が不足する事態になったにもかかわらず発電事業者が電源抑制に応じなかったことに起因しています。

以上の世界での状況と今回の未曾有の大震災まで今回のような大規模な計画停電を経験しなかった日本の状況を鑑みて、いずれを選択するかは日本の消費者自身の選択問題でもあります。ただ、本章では発送配電分離の再検討を否定しているのではなく、何を目的とするかを明確にすべきとの提案です。

〔六〕電気事業の事業形態と電気事業の規制緩和

電気事業においては、『規模の経済』を前提に、電気供給を営む電気事業者に対して発送電一貫の独占的供給を認め、一方で料金規制等によってその弊害を排除するという形の事業規制を課すことが、国民経済的に見て最適であると考えられてきました。このような従来の電気事業の公益事業規制の在り方に対して、一九九五年、二〇〇〇年に二度の制度改革が行われ、さらに第三次の改革として二〇〇三年に電気事業法の改正〈全面施行は二〇〇五年四月から〉が行われて基本的な法改正を一応終了しています。以後は順次自由化の範囲を拡大しながら現状に至っています。その概要を以下で紹介します。

（a）一九九五年の電気事業制度の改革

一九九三年の総合エネルギー調査会基本政策小委員会報告では、『各発電部門への市場原理導入』が提言され、これを受け一九九五年四月に電気事業法が一部改正、同年一二月に施行されました。改正の要点は下記です。

① 規制緩和の第一：『電気の卸売事業の自由化』

この規制緩和によって、電気事業者以外の事業者が、電力会社に電気を売ること（卸売）が認められるようになりました。『電力卸売事業』に新規参入する事業者は『独立発電事業者（ＩＰＰ）』と呼ばれています。

② 規制緩和の第二：『電気の小売事業への参入整備』

また、電力会社と同様に供給地域と供給責任を持つという条件の下で、電力会社以外の事業者が小売まで行うことができるように規制改革が行われました。この新しい事業を『特定電気事業』といい、その事業者は『特定電気事業者』と呼ばれています。

（b）二〇〇〇年の電気事業制度改革

その後、一九九六年一二月に、「経済構造の改革と創造のためのプログラム」が発表され、その中で、電気事業の高コスト是正が主要課題の一つとされ、「二〇〇一年までに国際的に遜色のないコスト水準とすること」を目指し、電力の小売部門における競争をさらに促進するための規制緩和・制度改革を行うこととされました。そして、通商産業大臣の諮問機関である電気事業審議会基本政策部会の中間報告（一九九七年一二月）、最終答申（一九九九年一月）を受け、一九九九年五月に電気事業法が一部改正され、二〇〇〇年三月から施行されています。

③　規制緩和の第三：『電気の小売への部分的自由化の導入』

小売部門に競争を導入するため、二〇〇〇年三月から大規模工場やオフィスビル、デパート、大病院等の特別高圧で受電する需要家（二万V以上で受電、電気の契約電力が原則二０００kW以上の需要家）に対しては、電力会社以外の新規参入者も電気を供給することができる様になりました。新しく電気の小売事業に参入した事業者は、「特定規模電気事業者（ＰＰＳ）」と呼ばれており、この事業は『特定規模電気事業』と呼ばれています。この自由化部門の需要家は、電気料金等を供給相手（電力会社、特定規模電気事業者）との交渉で自由に決定することができます。

④　規制緩和の第四：『託送ルールの整備』

需要家へ電気を供給するための送電設備は、設備の重複を避けるという観点から、引き続き電力会社が一元的に運用する事になりました。この為、電力会社は小売の一部自由化と同時に、新規参入者が既存の送電線を使い、電気を送る際のルールについての整備が実施されました。

⑤　規制緩和の第五：『料金規制の見直し』

非自由化対象需要家（一般家庭や中小工場等特別高圧以外の需要家）に対する電気の供給は、従来どおり電気事業法の規制下とし、区域の電力会社が「電気供給約款」や「選択約款」を作成し、責任をもって電気の供給を行います。料金引き下げを行う場合の約款変更については、『届出制』となりました。また、料金メニューに関しては、その適用範囲が営業費の削減等「経営の効率化に資するもの全般」に拡大されました。

⑥　規制緩和の第６：『兼業規制の撤廃』

更に、電力会社の経営自主性の尊重、経営資源の有効活用等の観点から、兼業規制が撤廃されました。

（c）二〇〇三年の電気事業制度改革

二〇〇〇年の改革後、二〇〇一年十一月より総合資源エネルギー調査会電気事業分科会において幅広い議論がなされ、現行制度の評価、海外の電気事業制度改革の調査、我が国の電力需給構造の分析などを行ったうえで、望ましい我が国の電気事業制度の在り方を検討し、二〇〇三年二月に「今後の望ましい電気事業制度の骨格について」と題する基本答申として纏められました。この中で、二〇〇二年に成立したエネルギー政策基本法に定められた基本方針に則り、エネルギーの安定供給の確保と環境への適合を図り、政策目的を十分考慮しつつ、経済構造改革を推進することが重要であると結論づけられました。具体的には、

・　電気の広域的な流通の円滑化のための環境整備
・　公平性・透明性確保によるネットワーク部門の調整機能の確保
・　発送電一貫体制の維持や卸電力市場の整備など原子力を含む安定的な電源開発の推進のための環境整備等を図る

事を前提に、安定供給や環境への適合が図られる範囲内で『小売自由化範囲の拡大を進めていくことが適当である』とされました。

以上の二〇〇三年の電気事業制度改革で、発電部門の自由化および範囲は限定的ですが小売部門の自由化が完了し、更に電力取引の仕組みやその公正運用の仕組みも整い、一応新たな電力事業の枠組み造りが完了しました。表1―5に小売部門に関連する電気事業の

表 1-5　小売部門関連の電気事業の概要

供給形態	特定規模電気事業	特定電気事業	特定供給
法規	電気事業法 電気事業法施工規則	電気事業法 電気事業法施工規則	電気事業法 電気事業法施工規則
概要説明	電力会社の送電設備を利用して、高圧受電（6.6kV）、50kW以上の需要家に対して電力供給を行う。	ある地域内の不特定多数の需要家への電力供給を行う。	生産工程、資本関係および人的関係などで「密接な関係」のある需要家への電力供給を行う。更に共同組合などの場合も認められる。
発電設備	需要家を合計した、総需要量に相当する発電設備が必要。市場からの調達も可能。	需要家を合計した総需要量に相当する発電設備が必要。	特に制約無し。 （需要量一発電量）の不足を電力会社より売電する。
送電設備	電力会社線を使用（託送）。	自営線	自営線 （→今後は電力会社線の使用も？）
連系線制御	30分間同時同量。	常時は連系線潮流はなし。	契約電力以下にする。
逆潮流	電力会社への送り潮流あり。	逆潮流は不可。	逆潮流は不可。

概要を記載します。

〔七〕スマートグリッドの必要性とその限界（スマートグリッドとその嘆き）

スマートグリッドは、オバマ米国大統領が二〇〇九年に発表したAmerican Recovery and Reinvestment Act 2009（米国景気対策法）で四五億ドルの予算措置によるスマートグリッドの構築や再生可能エネルギーの系統連系などによるエネルギー構造改革を提示して以来、一躍世界の注目を集めていますが、次世代電力供給網の開発という視点から見ると、その開発は表1―6に示すように一九九〇年代後半から始まっています。一九九〇年代後半は日本でも電力自由化が検討され始めた時期で、「Smart Network」もしくは「Flexible Network」と呼ばれる電力自由化に対応できる柔軟な電力供給網の構築を目指した時期で、電力供給側の変革を論じた時期です。二〇〇〇年代前半は分散形電源が普及し始めた時期で、需要家自身が電力の供給信頼度の向上を目指し、日本や米国では「Micro Grid」、「Intelligent Grid」、欧州では「Smart Grid」と呼ばれ、需要家側電力網の変革を論じた時期です。これが二〇〇〇年代後半には、「Smart Grid」と呼ばれる需要家側と供給側の協調による新しい電力供給網の構築を目指すように変ってきました。

表 1-6　次世代電力供給網の開発経緯

	年代	社会背景	特徴
第Ⅰ期	1990年代後半	**電力自由化時代** （規制緩和）	**サプライサイド型** （フレキシブルネットワークの構築）
第Ⅱ期	2000年代前半	地球環境及び **分散型電源時代** ↓ マイクログリッド	**デマンドサイド型** （マイクログリッド（日） インテリグリッド（米） スマートグリッド（欧））
第Ⅲ期	2000年代後半	**低炭素社会時代** ↓ スマートグリッド	デマンドサイドと サプライサイドの**協調**

現在、世界中でスマートグリッドの開発・検討が実施されていますが、その目的は各国の国情によって下記のように若干の違いがあります。

米国の目的：安定性（十分な供給の確保）、信頼性、高品質、安全性、環境性、経済性

欧州の目的：柔軟性、受容性、信頼性、経済性

しかし、スマートグリッドの定義となると、エネ庁『低炭素電力供給システムに関する研究会』は、『従来からの集中型電源と送電系統との一体運用に加え、情報通信ネットワークにより分散型電源やエンドユーザーの情報を統合・活用して、高効率、高品質、高信頼度の電力供給システムの実現を目指すもの』としており、分散形電源が需要家側に設置され電力の流れが双方向になるのに対応して、情報の流れも双方向にし、効率的な運用を実施するものとしています。このレベルの定義では、欧州、米国の定義とも差異はありません。国際的な定義に関しては、ＩＥＣのＴＣ８がすでに暫定的な定義を発表しており現在その更新を検討中ですが、現状はＩＥＣのＳＧ３がロードマップの中で記述しているように明確に定義されていません。

・「スマートグリッド」は電力供給網を強化し、近い将来の差し迫った難問に対応し、長期的な未来の電力系統のビジョンは示す用語である。この為現時点では定義も適用

範囲も多少漠然としている。

・「スマートグリッド」は、現在、技術的用語としてよりはマーケティング用語として使用されている。この為一般的に受け入れられている統一的な定義は存在しない。

スマートグリッド構築の目的を具体化する為の定義が上記のように曖昧である為に、現在では一〇〇人集まれば一〇〇種類のスマートグリッドが存在する状態であり、世間一般では極論すると次世代の電力供給網の構築にあたって何か問題があれば、「電力供給網をスマートグリッドにすることで解決」されるという表層的な議論のみがなされる場合があります。スマートグリッドのような社会インフラは多くのサブシステムで構築されるために各々がつながるためのルールが必要であり、この基になる明確な定義が必要です。大切なことは、次世代に如何なる電力供給網を構築するのかに関して、目的とその実現手段を明確にすることです。これに関しては、二〇〇九年の経済産業省の研究会が一応の目標を設定していますが、検討期間の短さと、議論の参加者の技術範疇からして必要条件であっても十分条件ではない状態で終わっているのが現状です。ただし、スマートグリッドは非常には広範囲な技術分野が関係しているために、この作業が困難なことも事実です。しかし、本件は国や学会が取り組むべき課題であり、取り組む価値のある課題であると考えます。まず前述（三）項のような議論を深めようではありませんか。

〔八〕送配電線の役割

電力供給網は、基本的には送電系統と配電系統に分類できます。送電系統は発電設備で作られた電気を昇圧して送電損失を少なくして需要地まで届ける為の設備であり、電圧階級は特別高圧が用いられています。日本の最高送電電圧は五〇〇kVが使用されています。送電系統には多くの発電設備が接続されて時々刻々に消費量の変化する需要地に電気を届ける必要があるために、電気は双方向に流れることを想定して構築されていますが、配電系統は送電系統によって届けられた電気を需要家まで届けるための設備で、従来は配電系統内には逆潮流を出すような発電設備は接続されていませんでした。このために、電気の流れは送電系統側から需要家側への一方向の流れでした。尚、日本の配電系統は六六〇〇Vの高圧系統と、一〇〇／二〇〇Vの低圧系統より構成されています。蛇足ですが、国として一〇〇／二〇〇Vを配電電圧に採用しているのは日本と北朝鮮のみです。

太陽光発電設備や風力発電設備が今後大量に電力供給網に接続される場合において、これらの設備が送電系統に接続される場合は、送電系統を安定に運用するための保護方式や制御方式は電気の流れる方向を特定しないことを前提に設計されているために、基本的な保護方式や制御方式の考え方には何の影響も与えません。上記の自然エネルギー利用型電源の特徴である発電量が時々刻々変化して安定的な電気を得られないなどへの対応策は必要でありますが、基本的には従来の火力発電設備や水力発電設備などが送電系統に接続される場合と同じです。しかし、配電系統の保護方式や制御方式は、上記のように配電系統には発電設備は接続されておらず、電気の流れが一方向であることを前提に設計されているために、再生可能エネルギー利用型電源などが接続されて、電気の流れが需要家側から送電系統側に流れた場合即ち逆潮流が流れた場合、本来は電力供給網を安定に運用するための制御装置が電力供給網を不安定にする制御を実施したり、保護装置が適切な事故除去を出来ない事態が発生します。このために、配電系統の保護方式や制御方式を基本的に見直す必要があります。この見直しは、技術的には不可能ではありませんが費用が現状よりかさむことになります。さらに、配電線の太線化や柱上変圧器の増設などの配電系統の電力機器の増強も必要になってきます。

このような対策の立案に当たっては、対策を全て電力会社に任すのではなく、受益者負担の原則にも留意した社会コストミニマムの原則を守ることが重要と考えます。即ち、電力会社の実施した諸対策の費用は最終的には電気代として消費者が負担することになり、再生可能エネルギー利用型電源を導入した消費者と導入できない消費者間での公平性を欠くことになるからです。

実際、二〇一一年における日本の再生可能エネルギーの導入計画は表1―7に示すように太陽光発電が主体であり、かつ太陽光発電設備の大半が配電系統への導入を前提としていることを考える時、対応策を早急に決定し、需要家に広く周知徹底する必要があります。更に、現在は太陽光発電の全量買い取り制度への移行過程にありますが、風力発電や太陽光発電が大量に導入されているドイツでは、全量買い取りの負担があまりにも大きい為に、買い取り価格は毎年低下していること、消費電力量が発電電力量よりも大きい時に価格的インセンティブを与える需要促進型全量買い取り制度へ移行していること、農地を転用して太陽光設備を設置することを法律で禁止していることなども広く周知させることが必要と思います。大切な事は国民への的確な情報の開示です。実際にバイエルン地方を鉄道で移動してみると、図1―5（a）に見られるように従来の農地転用型の大規模太陽光発電設備もみられるが、図1―5（b）に示すようにルーフトップ型太陽光発電設備も多数見られるようになっています。

表 1-7　再生可能エネルギーの導入計画

		2005年	2020年	2030年
太陽光発電	Gℓ	0.35	3.50	13.00
	GW	1.42	28.00	53.21
風力発電	Gℓ	0.44	2.00	2.69
	GW	1.08	4.91	6.61
廃棄物及びバイオマス発電	Gℓ	2.52	3.93	4.94
	GW	2.23	3.50	4.40
バイオマス熱利用	Gℓ	1.42	3.30	4.23
その他	Gℓ	6.87	7.63	7.16
合計	Gℓ	11.60	20.36	32.02

（a）農地利用形メガソーラ

（b）ルーフトップ型太陽光発電

図 1-5　ドイツの太陽光発電の写真

〔九〕電気事業の電力線と通信事業の通信線の相違は？

ここでは、各種のインフラ事業における輸送線路の性質を比較してみます。比較項目は、輸送線路の許容量を超えた輸送要求があった場合の対応、輸送対象物の品質維持の概念、事故の性格と事故波及の速度、輸送対象物の蓄積の可否、需要量と供給量の関係などです。

まず最初に、輸送線路の許容量と輸送要求の関係について述べます。通信事業においては、通信路の容量を超えた通信要求があると話中となり通信が出来なくなり、交通では交通渋滞となり移動の所要時間が増加します。また、ガス事業や水道事業においては需要が増加した場合は供給圧力が低下し火力や水量の低下をまねきますが、輸送線路が損傷を受けることはなく、需要量が低下すればその機能は回復します。しかし、電気事業においては、輸送線路の許容量以上の輸送要求があった場合、話中や交通渋滞など輸送線路自らが輸送量を制限したり、需要家側でのガス圧力や水圧を低下させ配分量を調整するのではなく、電気の流れる法則に従って許容量を超えた電気が輸送線路に流れます。この結果、輸送線路の温度上昇が発生し最終的には輸送線路の溶断に至ります。実際の系統では、このような現象を防止するために輸送線路を遮断して輸送線路を守ると同時に需要を制限即ち一部地域を停電させて電力供給網全体が崩壊するのを防いでいます。

次に輸送対象物の品質の有無に関しは、電力輸送においては電圧維持と周波数維持という品質の維持が法律で定められており、特に電圧に関しては数値目標（一〇一V±六V、もしくは二〇〇V±二〇V）まで決められています。尚、周波数に関しては法的な数値目標はありませんが、各電力会社が独自の目標を設定しています。この電力品質維持のためには、毎瞬時の発電量と需要量がバランスしている必要があります。需要量と供給量のバランスに関しては、主として周波数に影響する有効電力と電圧に影響する無効電力のバランスが必要になります。有効電力は発電設備でしか作れませんが、無効電力は電力供給設備のいたるところで作ることが出来るため、発電設備や送配電設備など電力供給網全体の協調制御が必要になります。通信や交通では、遅延時間などが品質に相当しますが、一般回線においては品質の維持を法的に規制はしていません。

事故の性格と事故波及に関しては、電気事業では事故が発生すると瞬時（五〇〇kV送電線の場合は七／一〇〇秒）に電力供給網から切り離さなすことで事故除去をしないと全系崩壊の危険がありますし、例え規定通り正しく事故を除去しても事故の影響は瞬時（数秒以内）に全系に波及し、場合によっては全系崩壊の危険性を持っています。この為に、保護継電装置や遮断器等で事故除去を実施できる仕組みを構築すると同時に、事故波及防止装置を設置することで事故の波及も防止しています。事故波及防止装置は必要に応じて発電設備もしくは負荷を電力供給網から切り離すことで全系崩壊に至るのを防止する制御を実施します。電気事業の発送配電が水平分割されていた場合において、特に沢山の発電会社が存在した場合に、発電、送電および配電各社間の連系プレーが上手く実施されない時には2006年の欧州大停電のような事態に至ります。一方、通信や交通では事故の発生した区間は使用不可になりますが、当該区間を瞬時に切り離す必要もないし、想定量を超えた通信要求のあった場合などを別にすると事故波及が瞬時に全系に波及して全系崩壊に至る危険性もありません。

輸送対象物の蓄積に関しては、電気事業の場合は揚水発電設備や各種の蓄電設備で電気をためることになります。揚水発電とは電気に余剰が出た場合は発電設備を電動機（モーター）として使用し下側の池の水を上側の池に汲み上げ、電気エネルギーを水の位置エネルギーに置き換えて蓄積し、電気が必要になった時には上側に池の水を下側に池に放流することで発電機を回して電気エネルギーに変換する方法で、大量の電気を溜めるには有効な方法ですが、日本においては有望なところは既に開発されています。また蓄電設備に関しては、最近は大容量設備の設置は可能になってきていますが価格が高いと言う欠点があります。このために、今後は「溜める」、「捨てる」もしくは「使う」のバランスを考えて、社会コストを最小にする余剰電力対策を構築する必要がある。この場合も「捨てる」という選択肢があることを国民に周知徹底しておくことが重要です。一方、通信事業の場合は、電話の場合は話中即ち輸送対象物の輸送を断ればよいし、データ通信の場合は蓄積すればよく、この蓄積設備は比較的容易に設置できます。交通の場合は、道路を渋滞させることで、道路上に蓄積が可能であり且つ渋滞は可視的であるために利用者側の自己規制が働きやすい特徴もあります。

以上のように、社会インフラシステムは各々特徴を持つために、この点を充分に勘案した将来システムの構築が必要であり、かつその事を国民一般に広く周知徹底して進めることが重要です。要は選択肢を明確にして、選択は国民に任せることと考えます。

第二章　日本の電力系統と電気の品質

日本の電気事業は、今日まで北海道から沖縄まで十の地域に分けて各地域ごとに一つの電力会社によって発電～送電・配電～需要家受電口まで一貫した供給責任体制できました。この一貫体制のおかげで、日本の近代化に資するため中長期的視点で電力系統をバランスよく、効率よく発展させ、日本の電力供給を質、量ともに飛躍的に高めることができました。まさに高度成長期から世界第二位の経済大国へ、そして今日の高度情報化社会まで日本の社会を支えてきたバックグランドになったのは間違いありません。電力会社と電力システムメーカーが協力して最新技術開発をおこないながら日本の近代化、産業の発展に資するべく努力を重ねた結果、世界のどの国よりも品質の良い安定した電力供給が実現され、強い産業が育っていったのです。そして都会ばかりでなく、電力エネルギーは社会にとって生活にとって欠かせないものですので、へき地や離島にもあまねく電力供給網がひかれて供給責任をはたしてきました。過疎化が進む今日ですが電力供給は止められません。このように日本の社会インフラとしてすべての需要家に、一時も欠かせないのが電力供給です。この章では日本の電力系統がどのような仕組みで安定した電力供給が行われているのかを解説します。

〔一〕日本の電力系統システム

地域連系系統の特徴

日本では電気事業法による供給区域に基づき、各電力会社の供給区域内で需給バランスをとることを基本としてきたため、電力会社の供給区域を単位として考えると、電力会社の供給区域間を結ぶ送電線が連系線となっており、ほとんどが一点連系となっています。連系線には、全国レベルでの需給バランス維持を目的とする広域運営の実現という役割があり、他電力会社の供給区域内に自社電源を有する電力会社や広域開発電源もあることから、連系線には電源線的な用途も含まれているため、図2―1に示すように各電力会社間での電力の融通容量の設備が整えられています。

図に示すように東京電力（50Hz）－中部電力（60Hz）間の連系容量が100万kW（将来120万kW）で、他と比較して際立って小さい一方、東京―東北間631万kW、中・西日本各社間では1666万kWと極めて大容量の送電系統が設けられていることがわかります。

このたびの大地震後の電力供給問題で、周波数変換を兼ねた東京電力（50Hz）－中部電力（60Hz）間の連系容量を強化すべきという議論がクローズアップされています。

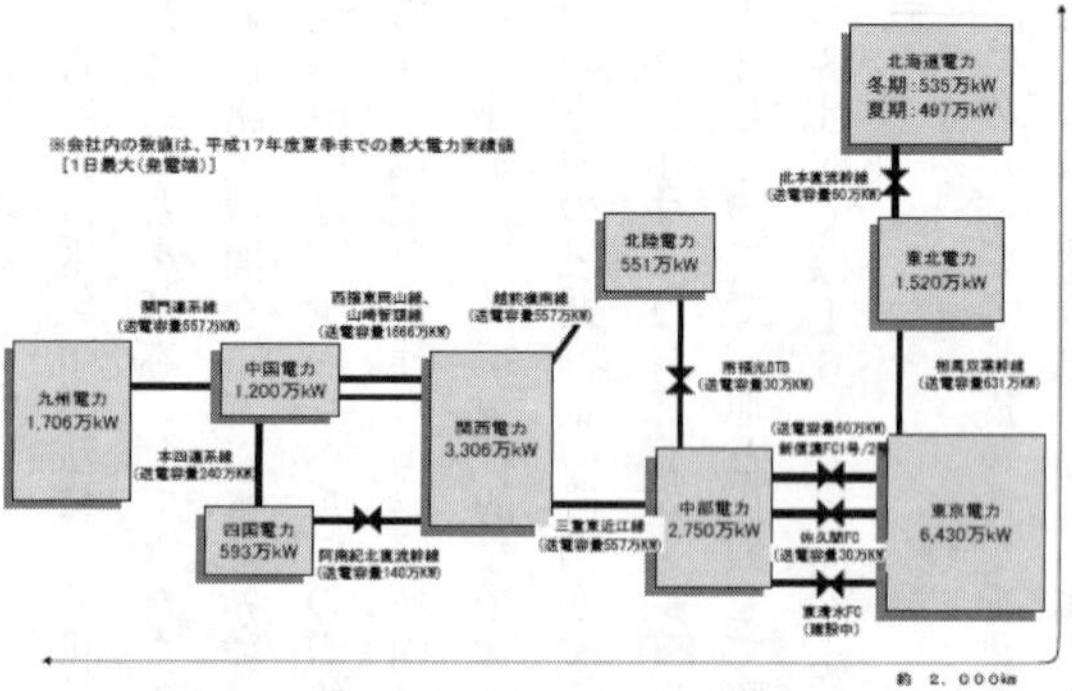

図2-1　各電力会社間の融通電力

出典：「安定供給・環境保全の観点からの評価」平成17年11月21日
資源エネルギー庁電力・ガス事業部

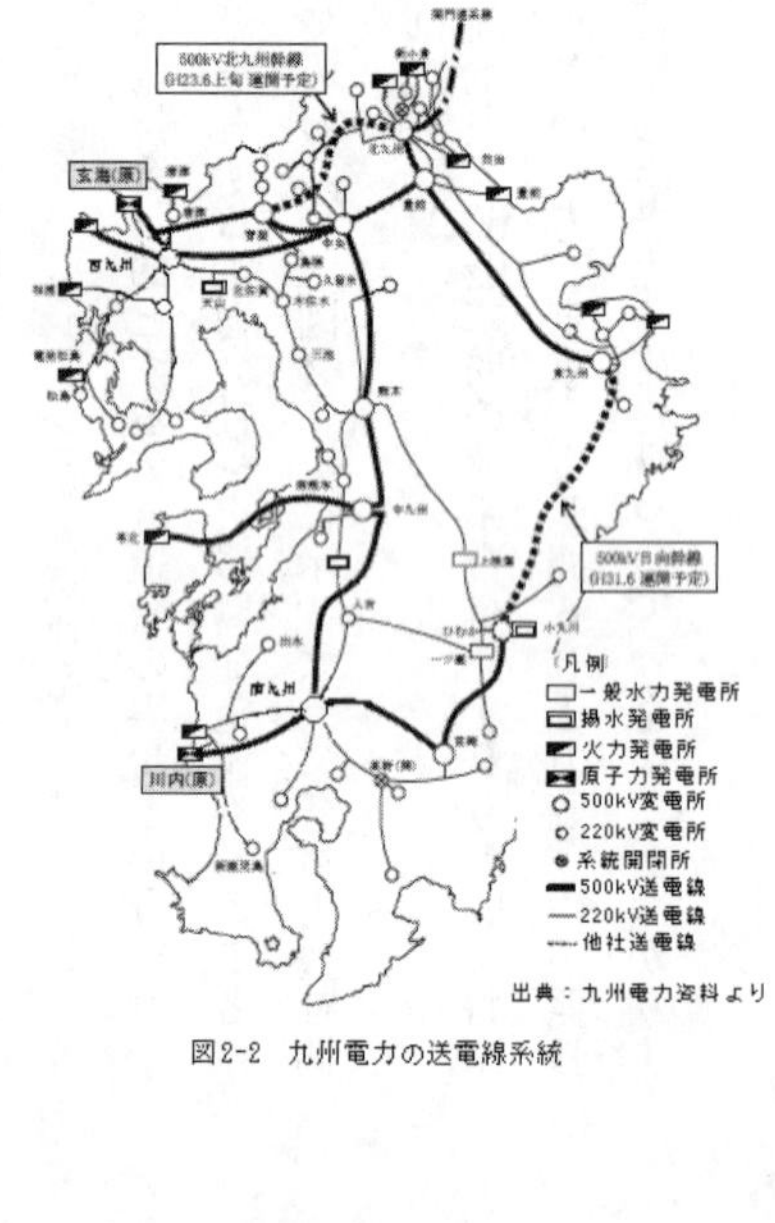

図2-2　九州電力の送電線系統

電力系統構成

地域の電力供給は、火力、水力、原子力などの各発電所で発電された電力を、需要地域に運ぶ送電線（特に長距離送電は送電線で消費される送電ロスを減らすための特別高電圧送電線５００kV、２２０kV等）、変電所、配電線などの電力設備を経て、消費地に近い場所で段階的に電圧を降圧される電力系統システムで構成されています。各需要家では使用する電力量に応じて66kV以上で受電する特別高圧、６kVで受電する高圧、１００／２００Vで受電する一般需要家等に分けられています。

基幹系統は、発電所―変電所間または変電所相互間が複数の異なるルートの送電線で環状に接続・運用されている〝ループ系統〟で構成され、一方、地域供給系統は基本的に発電所―変電所間または変電所相互間が一ルートの送電線で直線的に接続・運用されている〝放射状系統〟の構成となっています。大規模需要地への供給系統については、設備的に連系機能を持たせたループ構成ですが、連系機能を電気的に切ることにより、放射状の系統としての運用も行われています。図２―２に九州電力の電力系統図を示します。

〔二〕日本の電気の品質について

日本の電気事業は、日本経済の発展に伴う電力需要の拡大とともに継続的な発展を遂げ、電力系統は、電力需要の伸張や電源構成の多様化等を踏まえ、基幹送電線の整備や系統規模の拡大、広域運用を目的とした系統間連系の強化などが図られてきました。また高い信頼性と品質の維持向上のため常に最新の技術を駆使した最適な設備の導入、制御・保護・運用システムが構築されてきており、世界的に見ても停電が稀にしか起きない信頼性の高い最高水準の品質を達成しています。

年間停電時間の推移

我が国で発生した停電のうち、事故による停電は、台風等の自然災害の影響により増減があるものの、配電線自動化システムが導入され事故点検出、故障区間の切離しが迅速化されたことにより、極めて低い水準にあります。近年は概ね横ばいで推移しており、平成17年（2005年）の一需要家当たりの停電回数は0・15回、停電時間は19分となっています（図2—3）。また、作業停電については、無停電工法の採用等により大幅に減少しています。

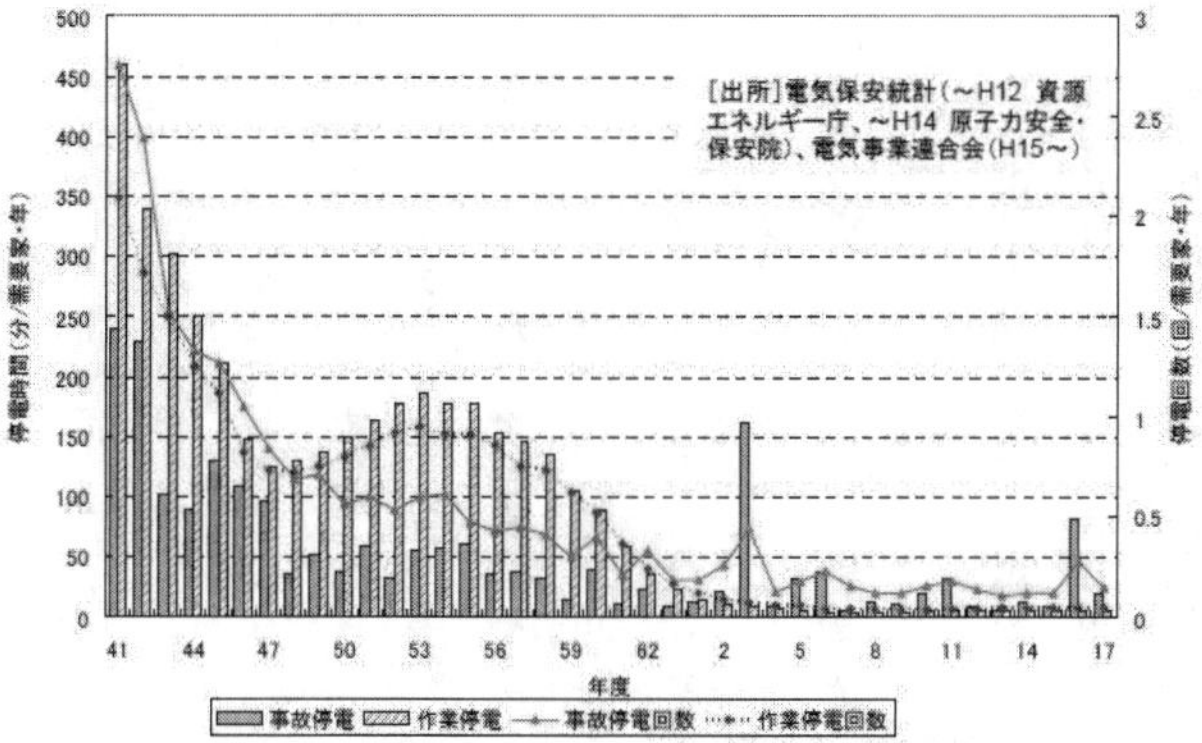

出典：「電力系統の構成及び運用について」
電力系統の構成及び運用に関する研究会；平成19 年4 月

図2-3　日本における１需要家当たりの停電時間の推移

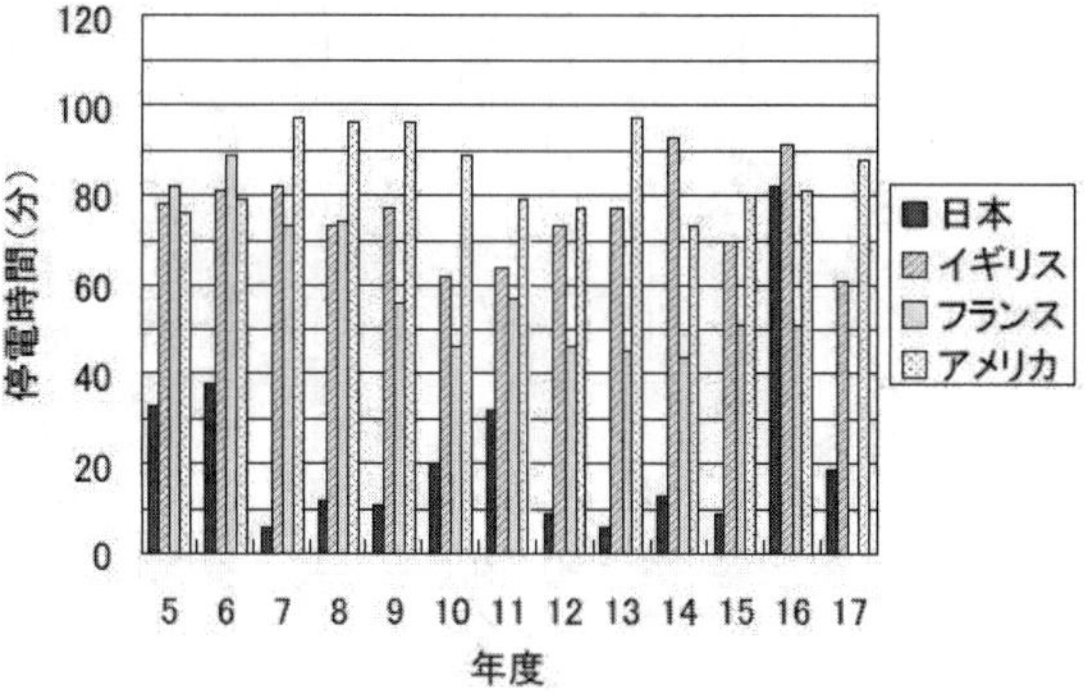

出典：「電力系統の構成及び運用について」
電力系統の構成及び運用に関する研究会；平成19 年4 月

図2-4　事故停電時間の各国比較

事故停電時間を諸外国と比較すると、我が国の停電時間は短く、総じて信頼性は高いものとなっています。(図2―4参照) このように日本の電力は、信頼性と品質において外国に比べ非常に高レベルになっていますが、これは日本の国際競争力を維持・強化する重要な社会インフラといえます。つまり、電圧や周波数など電気の質と、停電など電気の安定性に問題があれば、製造業の機械装置やサービス産業の情報システムの稼動に大きな影響を与え、それによる製品やサービスの品質低下に繋がるリスクが大きくなるからです。また、我が国ではこれまで向上してきた高い電力品質を、エネルギー基盤として社会システムが構築されており、また我々国民もこれが当たり前と捉えています。今後、日本のモノづくりの高レベル化やICT技術の先進化へ進むためには、ますます電力品質への要求は高まっていくことが予想されます。

〔三〕電気の品質基準・規格

電力品質に関する法令と規格

我が国における電力品質に係わる法令としては、電気事業法、電気事業法施行規則、電気設備に関する技術基準を定める省令があげられます。また、法令以外の公的な規格としては日本工業規格が定めるＪＩＳがあり、国際的な規格との整合を取りつつ日本に適合した規格を定めていますが、供給電力の品質に対する規格は現在策定されていません。それから公的な基準扱いとして、社団法人電気協同研究会の発行する「電気協同研究」が挙げられます。これらの基準・規格のもとで、供給電力の品質向上・維持に関し、発送配電一貫体制だからこそ可能な、各設備を通して高い水準の品質バランスを採りながら電気事業者とメーカーが切磋琢磨し品質を向上させてきました。そして現在では世界のトップレベルの品質を維持しています。これが大きな強みとなって発展途上国の日本の電力システム導入の背景となっています。

各電力会社に於ける品質規格と限度値

これまで電気事業者は、電力品質への向上に弛まない努力がなされてきましたが、近年の分散型電源の大量導入など、電力品質に与える影響が懸念されており、電力品質の維持（主に適正電圧の維持）には相当な対応策が求められています。特に電力品質の中で重要視されている供給電圧の変動、フリッカ（電圧のちらつき）、ディップ（電圧の瞬時の変化）、周波数変動、高調波（電源電圧の歪）などに対して、法令や規格、電力会社の自主管理値などの品質限度値に深刻な影響が出る可能性が指摘されています。

各電力品質の他への影響について簡単に説明します。

①供給電圧の変化

誘導電動機の特性の変化、電熱負荷、照明器具、変圧器、コンデンサなど消費電力、出力特性、寿命に影響

②フリッカ（電圧のちらつき）

照明のちらつき、テレビ画面の動揺、電動機の回転ムラ、不平衡電圧、逆相電流、高調波電流も同時に発生

③ディップ（電圧の瞬時の変化）

落雷等の瞬時電圧低下（電圧ディップ（Voltage Dip））照明が消灯、マイコン制御機器異常、生産ライン停止等の影響

④周波数変動

電動機回転数変化、性能変化、変圧器励磁電流変化、損失、温度上昇等の特性に影響

⑤高調波（電源電圧の歪）

機器（トランスやコンデンサ、リアクトルなど）の過熱、故障、寿命に影響

発電事業参入と品質確保

電力小売自由化の範囲拡大に伴い特定規模電気事業者や卸自家発電事業者が発電事業に参入するようになり、一般電気事業者（電力会社）の電力系統に連系されるようになりました。このように特殊な発電事業者が一般電気事業者の送配電系統を利用して、託送を依頼するようになれば、単に自区域だけの需給バランスによる品質維持だけでは保たれなくなってきました。このような状況においても、一般電気事業者は他の分散電源を持つ発電事業者の系統利用の公平性・透明性の確保のため、中立性のある立場をとる必要があり、電力系統利用協議会が策定した「電力系統利用協議会ルール」に基づき運用しています。

また、電力系統を運用する際に各発電所や変電所等が勝手に操作などを行うと安定供給を損なうおそれがあります。このため、操作等は基本的に「給電指令」と呼ばれる「指令」に基づき行われます。「給電指令」とは、電気の品質を維持し、安定した電気を需要者に供給すること及び保安の確保を目的として、一般電気事業者及び卸電気事業者の送電部門が当該事業者内及び系統接続者の関係箇所に行う指令をいいます。

〔四〕配電線の電圧維持と自動化システム

現在の高圧配電線系統は電気の流れが変電所から需要家へと一方向に流れることを想定し、負荷供給地点の電圧を電気事業法に規定された許容変動範囲以内で維持管理すると共に、送配電損出の低減、送電系統の安定性を維持するために電圧や無効電力をきめ細かく制御する監視制御装置、保護装置が設置され供給電力品質維持が行われています。やや専門的になりますが以下のような設備の運用で配電線は安定した電圧が維持されています。

配電線の電圧管理

高圧系統、特別高圧系統の電圧は法的な規制はありませんが、変動幅が概ね5％（高圧系統6kVで600V上下限）以内におさめるように、配電用変電所に設置されている変圧器LRT（Load Ratio Transformer　負荷時タップ切換変圧器）や配電線路の途中に設置されているSVR（Step Voltage Regulator　自動電圧調整器）、柱上変圧器などのタップ制御にて運用されています。

また低圧の電圧許容幅に関しては、電気事業法で標準電圧100V回路は、101±6

Ｖ以内、標準電圧２００Ｖ回路は、２０２±20Ｖ以内と規定されて、電柱に設置されている柱上変圧器で電力系統の供給場所においてこれらの電圧許容幅に納まるように、タップの変更などで適切に運用管理されています。

配電線の保護

日本の高圧配電線は、都心部では地中埋設されていますが、まだ大半は電柱による架線方式が取られており、樹木等の接触や台風等による事故が発生します。配電線の保護は、波及を最小限に抑え、事故区間以外は早期に復旧する必要があります。樹木などの接触が原因による一過性の接地事故などに対しては、配電用変電所の遮断器を再投入し、停電時間の短縮を図っています。また車両の接触による配電線断線事故などに対しては、遮断器の再投入、配電線の区分開閉器による事故区間切り離しにより、停電範囲を抑え、健全地域への影響を最小限に留める努力がなされています。

配電線自動化システム

高圧配電線や配電用変電所に設置される機器の状態や電流値・電圧値等を遠隔監視しな

がら配電線開閉器を自動操作することで、供給信頼度の向上や保守作業の省力化を図るシステムを配電自動化システム（DAS：Distribution Automation System）と呼んでいます。

九州電力では、制御用計算機を使用し、区分開閉器、連系開閉器の遠隔操作を行う配電線自動化システムとなっています。九州電力の配電自動化システムの概要を図2―5に示します。前述のように配電線事故が発生すると配電線自動制御システムにより事故区間を検出して健全区間は自動的に送電します。また、配電線の状態は計測技術と通信技術を駆使して常時オンラインで把握し、最適な配電運用を行っています。具体的には、配電線の各区間の電流値（需要家の電力需要）を把握し、配電線の効率運用等を図っています。

また最近では、配電線の電圧管理や不平衡による配電線ロスの解消等、電力品質の向上のため、各種配電線データ（電圧、電流、力率、事故情報など）の計測を可能とするセンサー内蔵開閉器が導入されつつあります。今後、太陽光発電が大量に配電線に送り込まれても電気の品質が維持できるよう、配電線の管理と対策が求められてきますので、より一層の自動化システムおよびセンサーの機能拡大が必要になると考えられます。

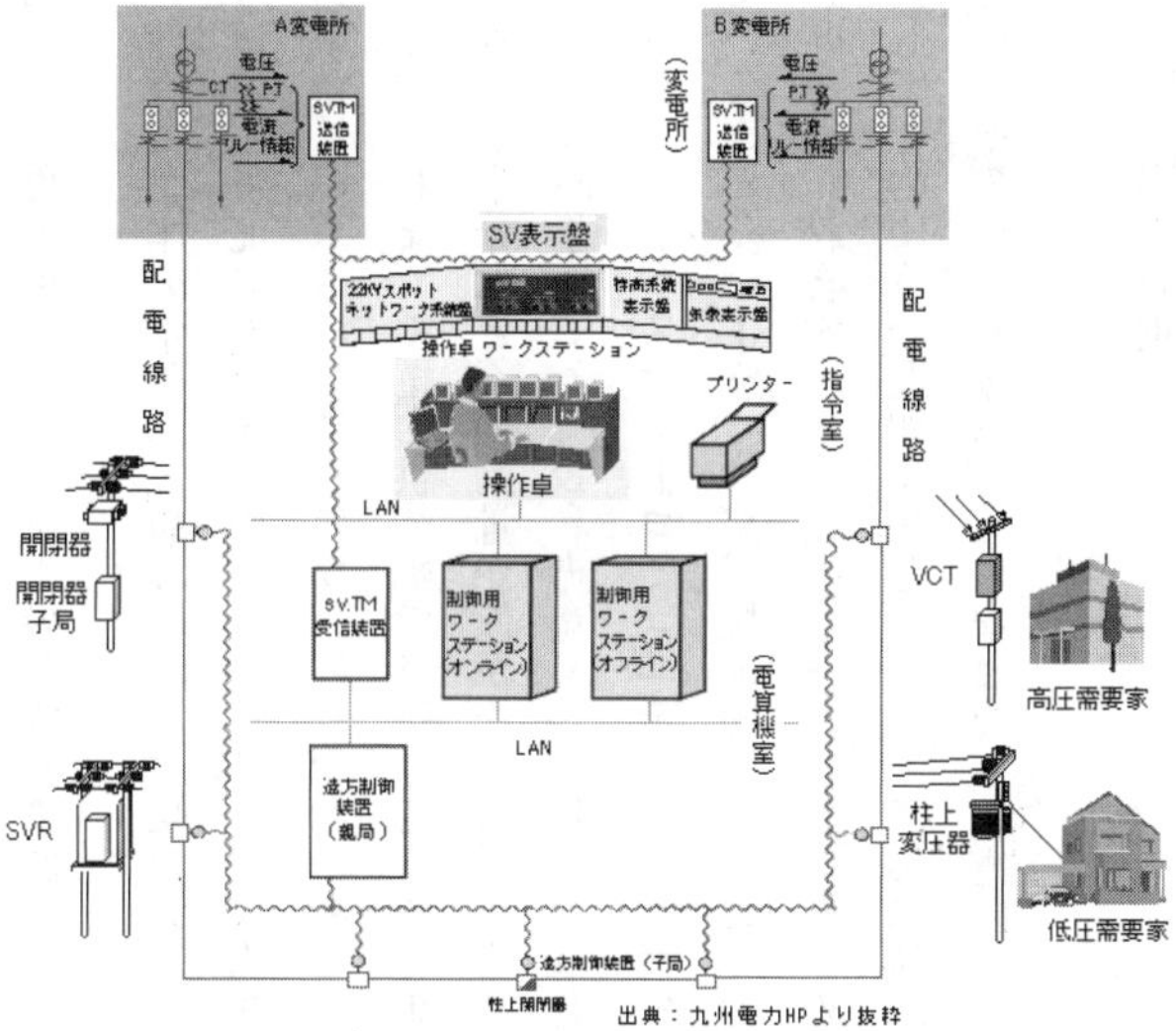

出典：九州電力HPより抜粋

図2-5　九州電力の配電自動化システムの概要

配電線の状態を常時監視し、電柱などに設置しているセンサー内蔵型開閉器など配電用機器の遠隔制御を行う。 停電が発生した場合は、停電区間を自動で検出し、自動融通を行い停電時間の短縮を図る。

図 2-6 九州電力の配電自動化システム

第三章　再生可能エネルギーの品質と課題

前章で日本の電気の品質レベルは世界最高水準にあり、その仕組みを説明しましたが、今後再生可能エネルギーの代表格とされる太陽光発電による小型分散型発電システムが電力系統に連系されるようになれば、変動の激しい大量の電気が逆に流れ込むということになり、これまでの電力供給網では想定できない事態が発生しかねません。現時点では系統の容量が十分大きく変動量が僅かなため、あまり顕在化していませんが、全量買い取り制度などの促進策によって系統流入（逆潮流）の規模が急増することが予想されます。スマートグリッドやスマートコミュニティなど言葉先行型で、あたかもなんでもできると考えている人が多いようですが、技術的にみて大変大きな課題を含んでおり試行錯誤な対応が必要と思われます。また経済合理性の面でも極めて不透明な状況と言えます。本章では果たしてどのような問題が生じるのか、さらに逆潮流を抑制する為にはどのような手段があるか、その期待効果はどうかなどを、蓄電装置の有効利用を含めて述べます。

〔一〕太陽光発電の特性

太陽光発電（Photovoltaic Power Generation）は、太陽電池を利用し、太陽光のエネルギー（再生可能エネルギーの一つ）を直接的に電力に変換する発電方式です。太陽光発電装置は一般に導入時の初期費用が高額となりますが、メーカー間の競争によって性能向上と低価格化や施工技術の普及も進み、運用と保守の経費は安価であるため、世界的に需要が拡大しています。昼間の電力需要ピークを緩和し、温室効果ガス排出量を削減できるなど、低炭素社会の成長産業として期待されています。（図3―1参照）

特徴と課題

太陽光発電には特徴として、稼働に化石燃料は使用せず、発電時に温室効果ガスを排出しない低炭素化を可能とした発電装置であり、出力ピークが昼間電力需要ピークと重なり、需要ピーク電力の削減に効果があること、需要地に近接して設置できるため、送電のコストや損失を最小化できる、発電時に廃棄物・温排水・排気・騒音・振動などの発生がないことなどがあります。その一方で欠点・課題として、夜間は発電せず、昼間でも天候等により発電量が大きく変動する、発電電力量当たりのコストが他の発電方法に比べて割高な場合が多い、設置面積当たりの発電量が集中型の発電方式に比べて低い、配電系統へ

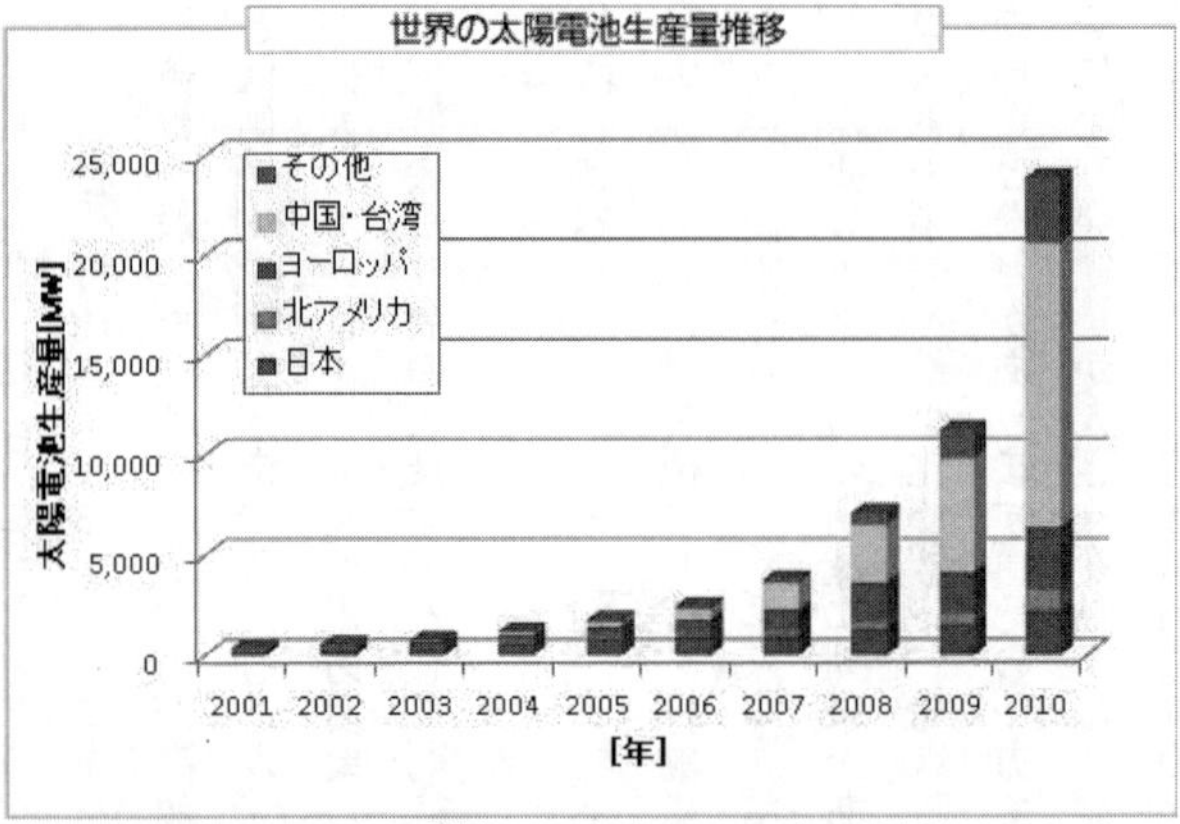

出典：PV News(Greentech Media発行)の2009/04(Vol.28 No.4)、2010/05(Vol.29 No.5)、2011/05(Vol.30 No.5)号を基にNEDO作成)

図3-1　世界の太陽光電池の生産量推移

【低圧配電系統の例】
○　太陽光発電からの逆潮流による電圧上昇とPCSの出力制御イメージ
通常家庭が適正電圧を維持できるように柱上変圧器のタップは①に制定されている。しかし太陽光が家庭用負荷よりも多く発電され（②の状態）管理電圧を超えようとした場合は太陽光発電のPCS（パワーコンディショナ）にて適正電圧を維持するように管理される。

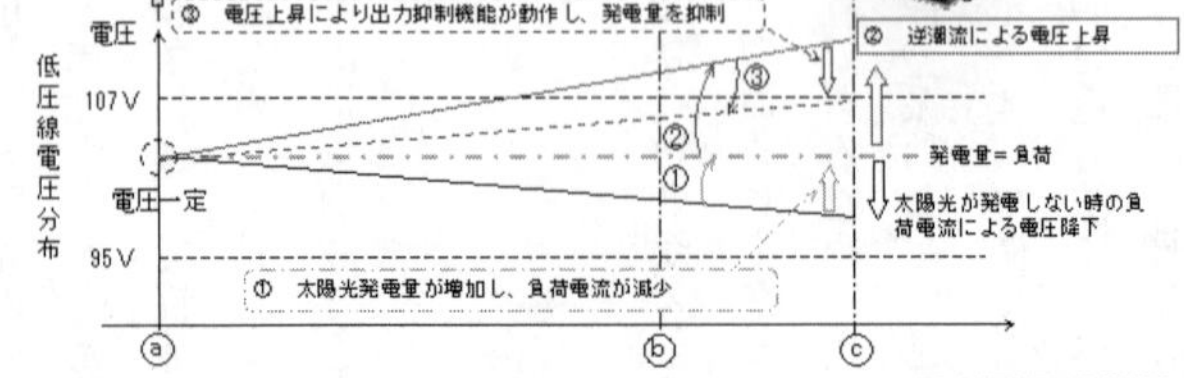

出典：九州電力株式会社　資料抜粋

図3-2　太陽光発電の大量連系時の低圧配電線系統への影響

連系する場合、設備量の増加に伴って系統インフラの改造が必要なことなどがあります。

太陽光発電の系統連系の問題点

現在日本で多く利用されている住宅用の太陽光発電システムでは発電した電気は家庭内で使いますが、電気が余った時には電力会社の配電線に戻し、電気が不足する夜間や雨天時には配電線から電気の供給を受けます。我が国でも、この配電線に戻した電力は電力会社が一般家庭からの〝売電〟として予め決められた単価で買い取る制度（固定価格買取制度（ＦＩＴ：Feed-in Tariff））が採られています。

系統連系

太陽光発電システムを、太陽電池モジュール（太陽光パネル）→パワーコンディショナー（ＰＣＳ）→商用電源へと、電力会社の配電系統につなぐ形態を〝系統連系〟といいます。発電量が設置場所（家庭内）での利用量を上回る分は余剰電力として電力会社が買い取りますが、この売電電力を配電系統に送ることを〝逆潮流〟と呼んでいます。

出力変動

太陽光発電は天候や気温によって出力が変動し、曇天時や雨天時は晴天時に比較して大幅に発電量が低下しますし、夜間は発電できないという変動要素を持っていますが、これが数多く系統連系された状況では、出力変動が速すぎると他の電源による調整が追いつかなくなるおそれがあります。出力変動には大きく2種類あり、比較的短い周期（数秒―数十分）の変動は、太陽光発電のような分散型電源に於いては、規模が大きくなり設置場所が分散するほど速い変動成分が〝ならし効果〟によって平滑化され、電源網側での対処が容易ですが、比較的長い周期（数時間―数日）の変動については、普及が進んで昼間の電力が余るようになると、蓄電設備等によって余剰分を他の時間帯に回すなどの対策の必要性が生じてきます。

逆潮流の発生原理

太陽光発電が系統連系された時の低圧配電線系統への逆潮流発生について、図3―2で説明します。通常柱上変圧器のタップは太陽光発電がないとき需要家の負荷により低圧側電圧が規定値になるように管理されていますが、太陽光発電量が増加し、負荷量と同等になった場合、変圧器のタップ設定電圧になり、さらに発電量が負荷以上に増加すると需要家の電圧が上昇し配電系統側に逆潮流が流れます。もし発電量が更に規定電圧（107

V）より上昇した場合はパワーコンディショナー（PCS）の出力抑制機能が動作し、発電量を抑制します。

〔二〕太陽光発電等の大量導入における課題と対策

地球温暖化対策の急務が叫ばれる中、太陽光発電は国の計画では、2020年までに2800万kWの太陽光発電の大量導入が掲げられています。

太陽光発電は日照条件や積雪等により発電電力の違いはありますが条件が合えば設置が可能です。しかし、昼間のみしか発電できないため利用率が低く、現在のところ機器が高価であることから電気料金と比較し発電コストが相当に高い状況です。このため導入拡大には電気料金とのギャップを埋めるためのインセンティブが必要ですが、結果として国民の負担増大に繋がるため、大幅なコストダウンが求められています。また、このように自然エネルギーが大量に導入されると、それを受け入れる電力系統には様々な問題が生じ、現状の品質、信頼性を維持するには相当の対策が必要であることが広く議論されるようになっています。

余剰電力の発生

太陽光発電の導入量が増加すると、図3—3に示すように電力需要の少ない時期に、ベース供給力（一定量の電気を安定的に供給する電源・原子力＋水力＋火力最低出力）等と併せて太陽光発電の合計発電量が電力需要を上回り、余剰電力が発生します。この対策としては、電力系統における蓄電池の設置や揚水発電の新増設、太陽光発電の出力抑制や新規の電力需要の創出といった対策が必要です。

出力の急激な変動に伴う周波数調整力の不足

太陽光発電の出力は、図3—4のように天候等により大きく変動し、太陽光発電の出力予測は困難です。また、太陽光発電の導入量が拡大すると、短期的な需給バランスが崩れ周波数が適正値を逸脱する等、電力の安定供給に問題が生ずるおそれがありますが、対策としては、揚水発電の新増設や電力系統における蓄電池の設置、火力・水力発電との協調制御に向けた蓄電池の制御技術の開発が必要です。

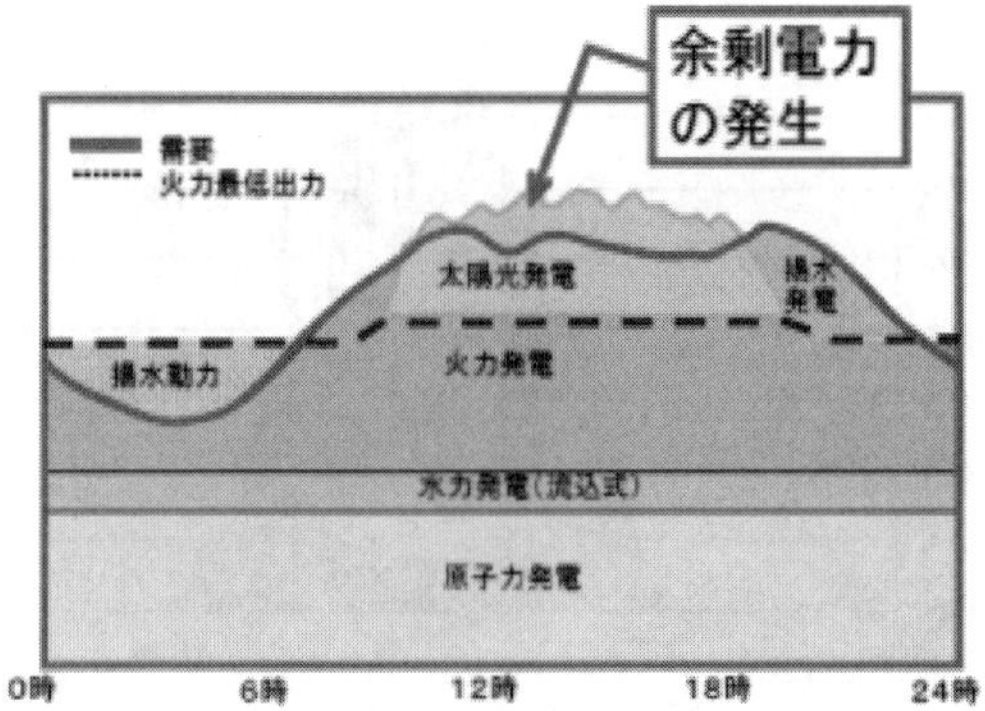

出典：次世代送配電ネットワーク研究会
「低炭素社会実現のための次世代送配電ネットワークの構築に向けて」

図3-3　軽負荷時の余剰電力発生のイメージ

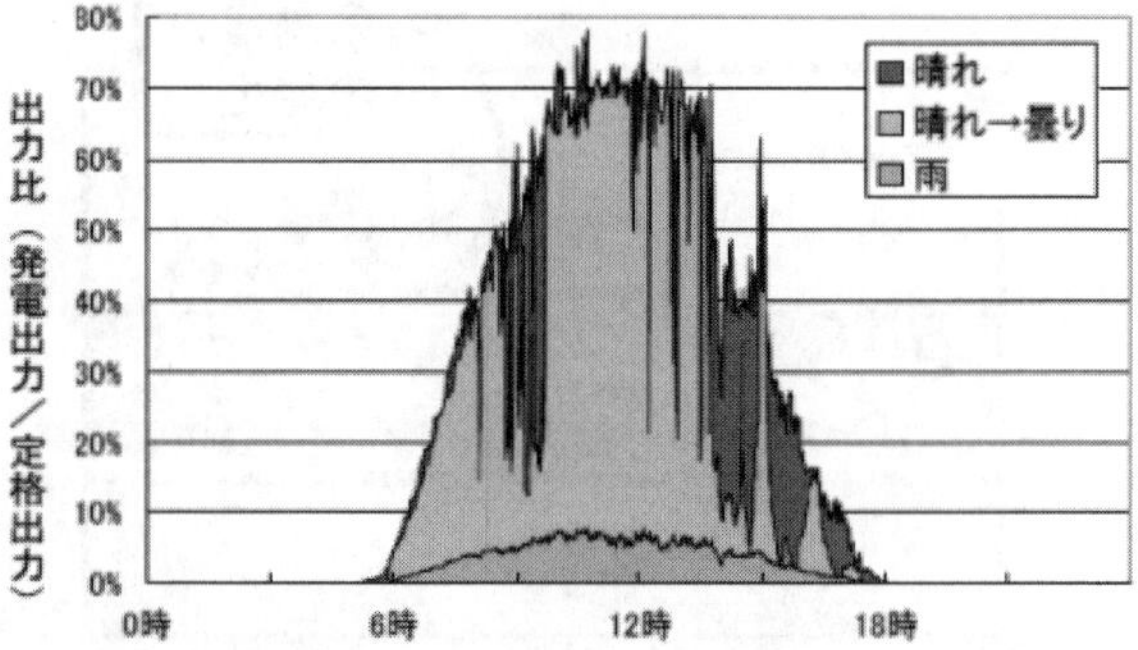

出典：次世代送配電ネットワーク研究会
「低炭素社会実現のための次世代送配電ネットワークの構築に向けて」

図 3-4　太陽光発電の天候による出力変動

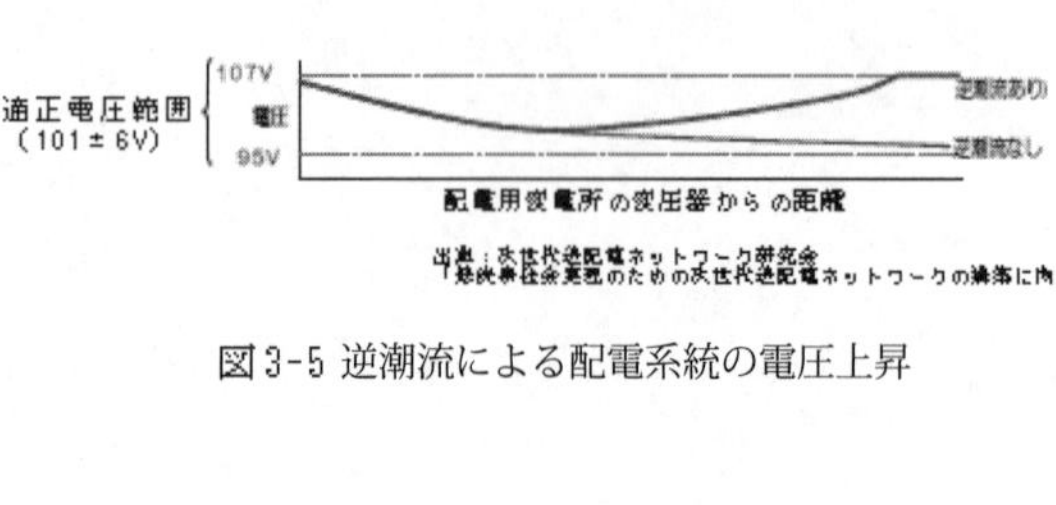

図 3-5 逆潮流による配電系統の電圧上昇

配電系統における電圧上昇

太陽光発電の出力が設置箇所の消費電力を上回り電力系統に電気が逆潮流した場合、配電系統の電圧が上昇します。（図3―5参照）連系点の電圧が電気事業法第二六条に基づく適正値（101±6V）を逸脱する場合、太陽光発電のPCS（パワーコンディショナー）の電圧上昇抑制機能が動作し、太陽光発電の出力が抑制されます。配電系統における電圧上昇を抑制するために、柱上変圧器の分割設置や電圧調整装置等の設置が必要となります。

単独運転の防止

落雷等による系統事故時や緊急停止時に、本来通電を停止すべき電力系統において、太陽光発電の運転により通電が継続されることを「単独運転」といいます。単独運転が継続された場合、公衆感電、機器損傷の発生、消防活動への影響、作業員の感電のおそれがあります。（図3―6参照）現在、低圧・高圧配電系統に連系される太陽光発電設置者には、配電系統の事故時等に系統から切り離す単独運転防止装置の設置が義務づけられています。しかしながら、現行の単独運転防止装置では、太陽光発電が集中的に多数導入された場合、単独運転防止装置の相互干渉等により単独運転を検出できないおそれがあり、現在この対策を織り込んだ装置（ＰＣＳ）の開発とその搭載に関する系統連系・認証等のルール整備について国内業界で検討されています。

不要解列の防止

太陽光発電の大量導入時においては、系統事故に伴う瞬間的な電圧低下により太陽光発電が電力系統から一斉に脱落することで、電力系統の安定運用（周波数安定性、同期安定性、電圧安定性等）に支障を及ぼすおそれがあります。（図３—７参照）この不要な「一斉解列」を回避する対策では単独運転防止と同様に、新たな取り組みがなされています。また同時に、系統事故時の太陽光発電の一斉脱落等に伴う電力系統の安定性への影響や太陽光発電等の導入拡大に伴う同期化力の減少による系統安定性への影響についての評価も必要です。

需要家側の要求と課題

同じ地域に太陽光発電などの分散電源が多量に導入されるようになると、設置していない需要家からの要求事項、分散電源側での基本的な事項を満足させる必要があります。

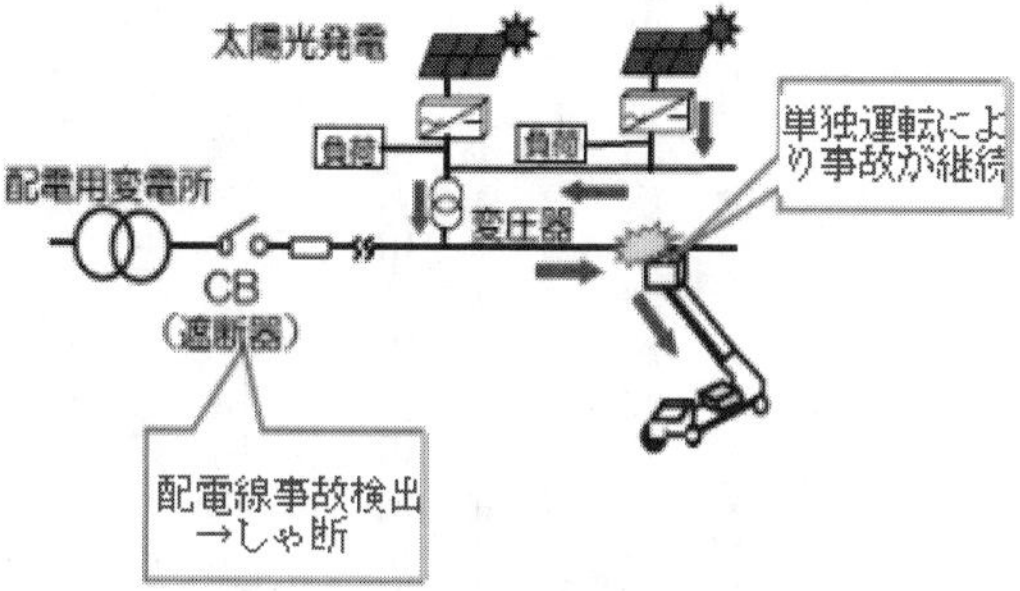

出典：送配電ネットワーク研究会 報告書から

図 3-6 太陽光発電の単独運転のイメージ

出典次世代送配電ネットワーク研究会 報告書

図 3-7 太陽光発電の不要解列のイメージ

具体的には、需要家側から、太陽光発電の内部故障によって電力系統に故障が波及しないこと、太陽光発電が多く設置されることによる電圧変動や交流波形の歪発生など品質劣化がないこと、さらに配電系統停止時に太陽光発電が単独運転や逆潮流が発生しないような安全確保、及び瞬時電圧低下や負荷急変時の正常運転継続などがあります。

〔三〕 電力用蓄電池の活用と技術的課題

風力発電や太陽光発電のような再生可能エネルギーは、自然の影響を受けやすく出力が不安定な電源であり、電力系統に大量に連系した場合、周波数の維持だけでなく、火力発電などの集中型電源の運用にも大きな支障が発生し、電力系統の運用が困難になることが予想されます。このため再生可能エネルギーが大量に導入されるには、蓄電技術による出力の平滑化や、夜間や休日のような軽負荷時の発電電力の蓄電などが必要になると考えられます。

蓄電池の種類

定置用蓄電池の種類として代表的なものとして①鉛蓄電池、②リチウムイオン電池、③

ニッケル水素電池、④ＮａＳ電池（ナトリウム硫黄電池）などがあります。これらは各々固有の特徴や課題があり、使用目的に合わせて最適なものを使い分けています。（表3―1参照）

①鉛蓄電池は、比較的安価で、短時間率での充放電が可能であること等から、自動車のバッテリー等において広く利用されています。電力貯蔵用鉛現在、蓄電池システムコストで10～12万円／ｋＷｈ程度、大容量化の実績も数千ｋＷｈ級となっており、蓄電池システムコスト等の点で他の蓄電池に比べ優位ですが、エネルギー密度やサイクル寿命などで劣っています。

②リチウムイオン電池は、エネルギー密度及び充放電エネルギー効率が高く、自己放電も小さいことから、主にパソコン等の民生用途として生産されています。現在の自動車用中容量のリチウムイオン電池は、蓄電池システムコストで15～30万円／ｋＷｈ程度、大容量化の実績においても数百ｋＷｈ級となっており、コストの低減や数千～数万ｋＷｈ級の大容量化に向けた技術開発が必要です。今後、電気自動車等の移動体向けに大量のリチウムイオン電池の生産が想定されることから、移動体向けの技術や量産効果が電力用蓄電池に応用されることが期待されています。

③ニッケル水素電池は、急速充放電が可能で、エネルギー密度及びエネルギー効率が比較的高いことから、電気自動車やプラグインハイブリッド車用の電池として実用化されています。現在、定置用蓄電池システムコストで15～20万円／ｋＷｈ程度、大容量化の実績も数百ｋＷｈ級となっており、コストの低減や数万ｋＷｈ 級の大容量化に向けた技術開発が必要です。

④ＮａＳ電池は、大容量化が可能であることから、主に工場やビル等における負荷平準化対策や風力発電等における出力安定化対策としても導入されています。現在、蓄電池システムコストで４万円／ｋＷｈ程度、20万ｋＷｈ級の大規模システムも実現済みであること等を踏まえると、コスト・容量規模等の点において揚水発電に比肩しうるレベルに達しつつあります。

電力用蓄電池の利用

今後の太陽光発電の大量導入への対応策として注目されている蓄電池ですが、電力用電池の利用シーン毎の要求はさまざまです。系統安定化用は数ＭＷｈから数ＧＷｈの大容量蓄電システムとして高いエネルギー密度が必要です。工場向け、オフィス向け住宅向け、

表3-1 電力用蓄電池の比較（現状比較）

	鉛蓄電池	リチウムイオン電池	ニッケル水素電気	ナトリウム硫黄電池
エネルギー密度[※1]	約35Wh/kg	約120Wh/kg	約60Wh/kg	約110Wh/kg
エネルギー効率[※2]	87%	95%	90%	90%
セル回路電圧	2.1V	3.7V	1.2V	2.1V
寿命（サイクル数）	2000～3500[※3]	2000～6000	2000～4500	4500
大容量化	数1000kWh	数100kWh	数100kWh	数10万kWh
電池コスト（kWh単価）	3～6万円/kWh	10～20万円/kWh	約10万円/kWh	約2.5万円/kWh
電池システムコスト[※4]	10～12万円/kWh	15～30万円/kWh	15～20万円/kWh	約4万円/kWh
特徴及び今後の課題	・比較的安価	・ｴﾈﾙｷﾞｰ密度が高い	・ｴﾈﾙｷﾞｰ密度が比較的高い	・ｴﾈﾙｷﾞｰ効率が比較的高い
	・安全性、実績で最も実用化が広範囲	・セル電圧が高い	・ｴﾈﾙｷﾞｰ効率が比較的高い	・大容量化が可能（実績有）
	・ｴﾈﾙｷﾞｰ密度が低い	・ｴﾈﾙｷﾞｰ効率が高い	・ﾘﾁｳﾑｲｵﾝ電池に比べ安価	・寿命は比較的長い
	・ｴﾈﾙｷﾞｰ効率が低い	・低価格化と安全面の確立が課題	・車載用として実績が多い	・kWh単価が比較的安い

※1　1kgあたりの蓄電可能な電力量
※2　充電を100として放電できる効率
※3　電力貯蔵用鉛蓄電池は一般の鉛蓄電池よりサイクル寿命が長い
※4　電池システムコストは、電池単体に充電/放電装置、その他付帯機器を含む（充電）装置としてのコスト

については出力安定化、余剰電力対策のため深い充放電を繰り返すサイクル寿命、長期間使用するカレンダー寿命、安全性・信頼性が要求されています。

また蓄電システムにおいても設置コストの低価格化が強く望まれています。

住宅向け蓄電システムを屋内に設置する場合などでは、小型化のために高いエネルギー密度が必要となります。表３―２に電池の利用分野について記載します。

系統安定化対策シナリオの設定

資源エネルギー庁では、太陽光発電の大量導入に伴う系統安定化対策について、２０２０年までの技術開発の見通し等を踏まえた結果、複数のシナリオの検討を行っています。その主要な構成要素は、太陽光発電のＰＣＳの出力抑制と蓄電池の設置です。出力抑制とは、電力需要が特に少ないＧＷ・年末年始などにおいて太陽光発電の出力を全量又は半分抑制を行うもので、ＰＣＳにカレンダー機能を付加し、日程を設定することが現実的です。

出力抑制はその時期、抑制の程度により効果が変わり、蓄電池についてはどこに設置するかにより効果や費用が異なってきます。

表3-2　使用目的に応じた電池の利用分野

	利用場所	利用目的
系統	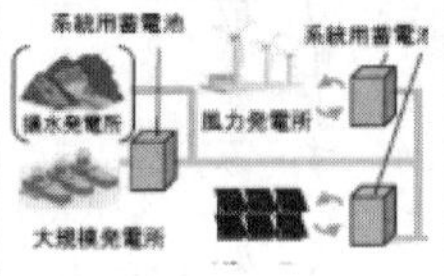	使用目的 □ 集中型不安定電源を安定利用するために系統用蓄電池としての利用 □ 非常用電源としての利用 設置場所 □ 集中型不安定電源の発電所および変電所付近
産業	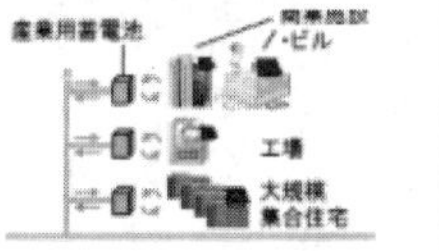	使用目的 □ 蓄電池に安価な夜間電力を蓄電し昼間に利用 □ 太陽電池が普及した場合、余剰電力の蓄電、及び系統の安定化に活用 □ 非常用電源としての利用 設置場所 □商工業地域および大規模集合住宅街
オフィス	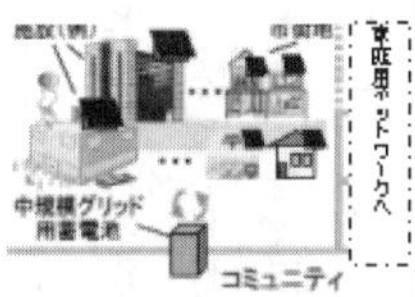	使用目的 □ 各家庭、施設で昼間発電された余剰電力の蓄電、系統安定化がコミュニティ単位で実施される □ 各家庭、施設の電力需給を踏まえて、コミュニティ単位で電力のピークシフトとしての利用 □ 大規模施設に併設されるケースもあり得る 設置場所 □商工業地域および市街地
家庭	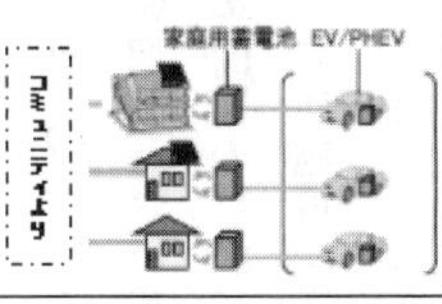	使用目的 □ 各家庭で昼間に発電された余剰電力の蓄電、及び系統安定化の目的での家庭用蓄電池の利用 設置場所 □非密集型市街地

出典：「蓄電池システム産業戦略研究会について」平成21年11月資源エネルギー庁

第四章　スマートグリッドの取り組みと課題

再生可能エネルギーの普及に向け既存の電力系統との共存を実現するものとして近年「スマートグリッド」というコンピュータ技術を駆使した概念が生まれ、各国いろんな形で、取り組みが始まっています。日本でも地球環境問題の解決に不可欠であるとして、世界をリードすべく国の成長戦略に掲げ、普及に向けて諸施策が展開されています。

しかしながらこれによって、電力エネルギー問題がすぐにでも解決できるようなイメージをつくる言葉先行型となっており、昨今ではそのために発送電分離が欠かせないと言うような極論さえ聞かれるようになっています。再生可能エネルギーを普及させることと、発送電分離は結びつきません。発送電分離は、むしろ化石燃料を中心にした発電コストを追及することになり、コストのかかる再生可能エネルギーの普及を妨げることにもなりかねません。

電力エネルギー問題は、我々の社会に大変大きな影響を与えるテーマであり、誤った方向に誘導されないよう現実を踏まえた議論と対応が求められます。全量買い取り制度など経済的なインセンティブばかりが目立ちますが、コスト負担については課題解決のための技術開発に未知の部分も多く、経済合理性だけでは解決しないものであり、広く国民の理解を得る必要があります。また電力系統としての課題や対応については当事者である電力会社の参画が不可欠でありますが、政策サイドの一人歩きといった感が否めず、まだまだこれからという状況にあります。

この章では再生可能エネルギーによる電力の大量導入とそれに呼応した「スマートグリッド」について、技術的課題と将来の電力エネルギーシステムのあり方について考えてみます。

〔一〕電力エネルギーの変化

電力の需要変動と求められる電気の品質

電気の使用量（電力需要特性）は一日の中で時間帯によって、一年の中でも季節によって大きく違っています。図4―1は東京電力における真夏の電気の使用量推移であり、全需要とそのうちの家庭部門の需要を二本の曲線で表しています。この例では全需要の最大が14時ごろで約6000万kW（キロワット）、最低が5時ごろに約3200万kWで、その比はおおよそ二倍です。一方家庭部門での電力需要のカーブは全需要と異なり、19～20時

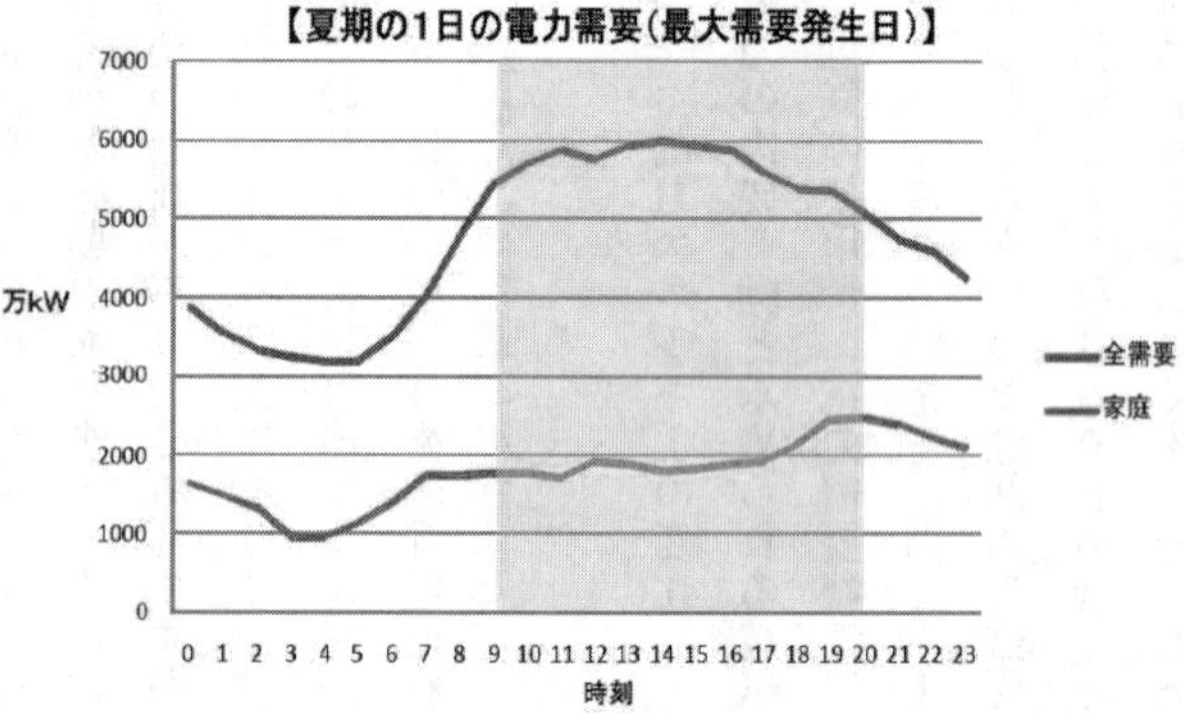

経済産業省電力需給緊急対策本部　平成 23 年 5 月 13 日発表資料
資源エネルギー庁推計

図 4-1　東京電力の日負荷曲線の例

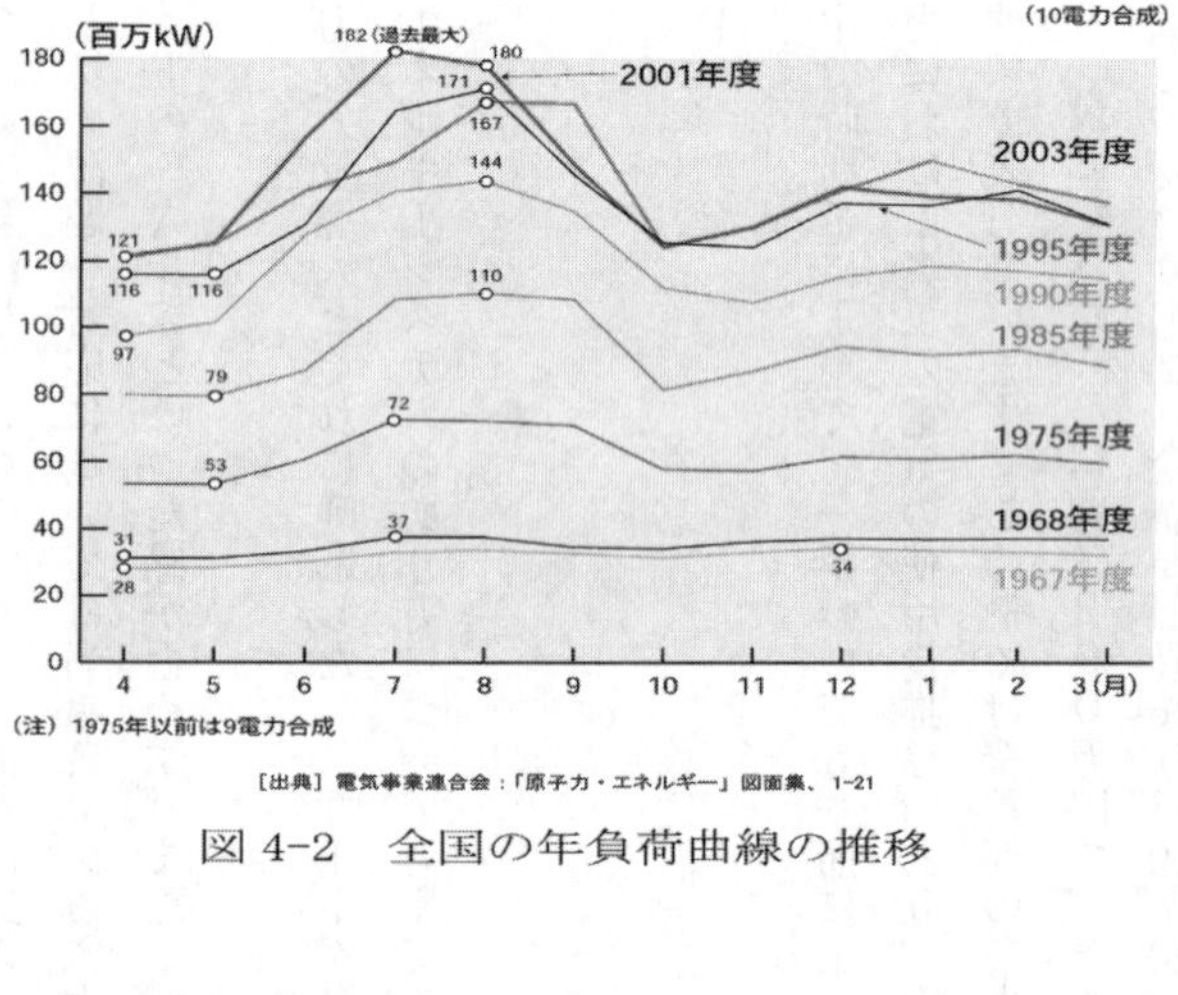

(注) 1975年以前は9電力合成

［出典］電気事業連合会：「原子力・エネルギー」図面集、1-21

図 4-2　全国の年負荷曲線の推移

ごろが最大となっています。

図4―2は10電力会社合計の年負荷曲線の推移を示します。1960年代後半までの比較的フラットな負荷曲線から、1970年代以降次第に夏型のピークに転換してきたことがわかります。この傾向は2000年頃まで続き、夏ピークと冬ピークとの格差は次第に拡大してきました。それ以降は、夏ピークが減少し、逆に冬ピークが上昇してきました。この要因は、近年エアコンの省エネ化が進み夏の冷房の消費電力が下がった一方で、冬の暖房に従来の石油ストーブなどからエアコンを使う家庭が増えたことによるものと見られます。

日本では各電力会社が地域の電力供給に責任を負っており、中長期的な視点で発電所や変電所の建設や電力輸送（送電・配電）の信頼性を高めるため監視・制御・保護システムの構築を行い、供給される電気の質を長年に亘って向上してきました。日本の需要家からの電気に対する品質要求は、諸外国に比べてはるかに厳しく、電圧、周波数が規定値内にしっかり収まることや、停電の頻度及び停電時間の極小化、或いは数10ミリ秒～数100ミリ秒の短時間の電圧低下現象（これを〝瞬停〟という）の低減など、高い品質要求が電力会社に求められています。電力会社は電気料金の引き下げとともに高品質の電力供給を維持するために合理化を図りながら近代的設備導入、運用スキル・ノウハウの精鋭化などを図ってきています。その結果、我が国の電力品質は世界最高水準になっています。

大震災後の電力エネルギーに対する意識変化

東日本大震災により電力会社の商用電源が停電したときや、その後の計画停電の際に、蓄電装置などの分散型電源を設置していた家庭やスマートハウスなどの実験対象のモデルハウスなどでは必要最小限の電気エネルギーが確保でき、実生活に影響がなかったなどという話が聞かれました。また災害復旧にあたって電気、石油、ガスなどのエネルギーインフラの中で電気が最も早く回復しました。このことは石油・ガスは物理的輸送・搬送手段や道路通行を供給元から現地まで一気通貫で確保しなければならないのに比べ、電気は送配電網が張りめぐらされている結果、融通をきかせることが可能です。改めて電力エネルギーの優位性が確認されたと言えます。また前述のように〝分散型電源〟が実際に被災地などで有効性を発揮した事こともあり、分散型電源システムの設置が顕著になりました。このようなニーズは被災地だけでなく、首都圏、或いは将来大規模地震や自然災害に遭遇するリスクの高い地域でも次第に高まっています。つまりリスク対策から、太陽光発電や燃料電池と蓄電装置を組み合わせた分散型電源システムの導入、さらにシステム的に進化させた〝電気の自己調達〟につながる考え方が急速に市民権を得てきています。

系統電源と分散型電源との違い

電力会社の系統電源は日常我々が使っている電源で、その電気的特性や品質は電気事業法や電力系統に関する各種ルールにより規定されており、実際には電力会社はさらにその規定に対し十分な余裕をもった高品質の電気を送っています。例えば家庭向け低圧供給電圧は規定では101V±6Vとなっていますが、どこでもいつでも殆どの場合100V〜100数Vに収まっています。また、事故停電についていえば、停電時間の平均的時間は年間に換算して数分〜20分以下程度で、これは欧米の先進国でさえ多くが40分〜100分であるのと比べ一桁短いもので、世界トップであると言えます。（図4―3参照）

一方、電気料金はどうでしょうか。15年〜20年前には日本の電気料金は世界一高いと言われ、欧米から電力の自由化や電力料金の引き下げの圧力が掛ったこともあります。

これに対して政府は1995年の電気事業法改正を行って以降、日本の高コスト構造の是正に向けた主要課題の一つとして「国際的に遜色のないコスト水準」とすることを目指

＜事故停電時間（年間・１需要家当たり）の各国比較※注＞

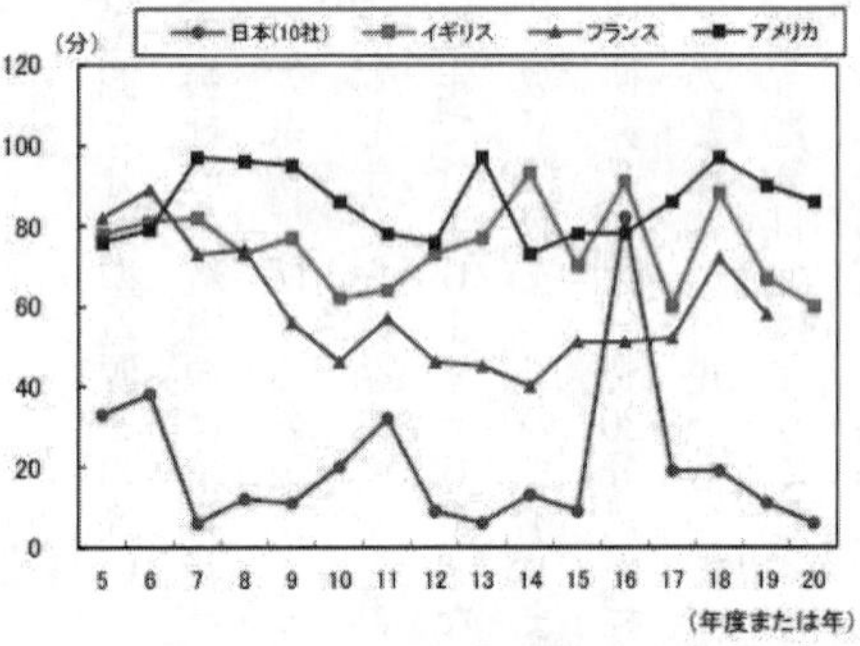

出典：電気事業連合会調べ

※注：日本の停電時間について、平成16年度の停電時間が例年より長い理由は、例年より多くの台風が上陸したことにより九州・中国・東北地域で停電回数が増加し、停電時間も長時間にわたったため。

図 4-3　年間事故停電時間の比較

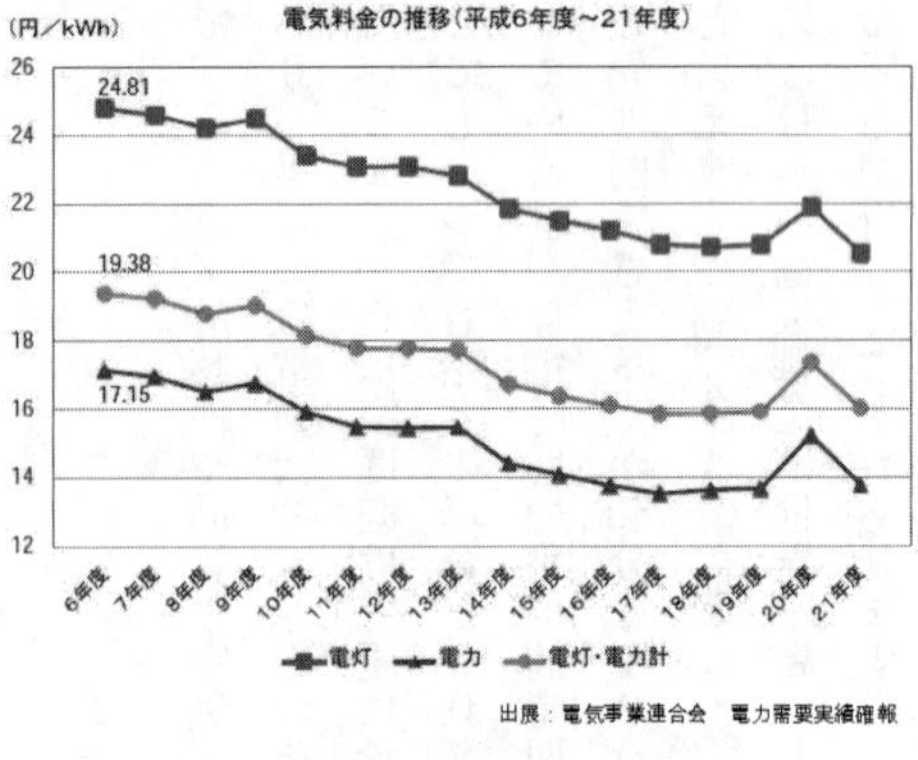

出展：電気事業連合会　電力需要実績確報

図 4-4　国内の電気料金の推移

し、電力小売の部分自由化など三度にわたって（1995年、1999年、2003年）法改正を実施してきました。

その結果電力会社の経営努力も相まって図4―4のように電気料金はかなり下がっており、すでに国際的に見ても特に高い水準にあるとはいえません。日本の家庭用電気料金を指標で100とすると、欧州のドイツやイタリアは約130前後であり、かなり低くなっています（フランスは約70）。日本の電力会社はこのように信頼度の高い電気の供給を維持しながら、一方で低廉な電気料金を実現しています。

一方、太陽光発電や風力発電などは、発電規模が比較的小さく、電力を必要とする場所ごとに分散して設置され電力の流通・消費経路も局所的なことから、電力会社の大規模発電所から変電所を経由して送られてくる「系統電源」に対して「分散型電源」と呼んでいます。太陽光発電は、当然のことですが太陽光が太陽光パネルに充分当たっている時のみ発電するもので、昼／夜、晴れ／曇り、季節（夏／冬）などの自然条件で発電出力が大きく変動するという根本的な宿命を持っています。このように絶えず変動する電力エネルギーは〝パワーコンディショナー（PCS）〟と呼ばれる電力変換装置で交流電気に変えて送り出されますが、これらが大量に設置された状態では、それらから発生する電力量やその変動幅が、需要量や系統電源の容量に比べて無視できないようになり、電気の品質（特に電圧と周波数）や需給調整に大きな影響を与えます。これは〝系統不安定化〟という将来の大きな問題と捉えられています。また、再生可能エネルギーの電力量単価は、その種類によって異なりますが、最も普及が期待されている太陽光発電による余剰電力の固定買取制度（ＦＩＴ）は、一般の電気料金の約2倍となっています。これには電力系統側の対策費用は含まれていませんので、かなり割高のコストとなります。

〔二〕再生可能エネルギーによる電力供給

分散型電源による電力エネルギーシステム構築（マイクログリッド）

分散型電源は一般的に小型で需要家側に設置でき、うまくシステム化すれば系統電源の停電にも電力が供給できるというメリットがありますが、先述のような電気の品質維持に相当の不安定要素を併せ持っています。そこで需要側で複数の分散型電源とさらに最近急速に注目され始めた蓄電池（電力貯蔵システム）を組み合わせ、需要状況に合わせて制御し、電力の地域自給を可能とする小規模の電力供給網を一つの電力システムモデルとして捉えられるようになりました。これを「マイクログリッド」と呼んでいます。我が国では

２００９年から２０１３年の４年間の期間で、九州電力管内の六つの離島、沖縄電力管内の四つの離島で、それぞれ検証目的やシステム構成が少しずつ異なったマイクログリッドの実証実験プロジェクトが国の事業支援でスタートしました。（図４―５、図４―６参照）

これらのマイクログリッドでは、旧来のディーゼル（内燃力）に加え、太陽光発電、風力発電などに、鉛蓄電池やリチウムイオン電池、リチウムキャパシタなど電力貯蔵装置を設置し、離島内の電力需給バランス制御、電力品質制御など、先進技術を織り込んだ検証プロジェクトです。これら離島でのマイクログリッド実証実験プロジェクトは、将来一般地域でのマイクログリッドの導入を視野に入れた種々の予備検証実験といえます。つまり、複数の分散型電源と需要家が共存し、その間をローカル電力配電網でつなぎ、需給バランス制御や電気の品質制御をリアルタイムで行うためＩＣＴ技術を駆使した制御システムからなるマイクログリッドを構築し、そのマイクログリッドは系統電源と一か所で連系接続されるという、図４―７に示すようなモデルを想定したものです。

マイクログリッドは、通常は系統電源と連系し系統からベース電力を供給され、絶えず変動する電力需要に対してはグリッド内の分散型電源からの電力を需給制御して融通します。一方、系統電源が停電やその他の理由で切り離された場合は、分散型電源だけの電気

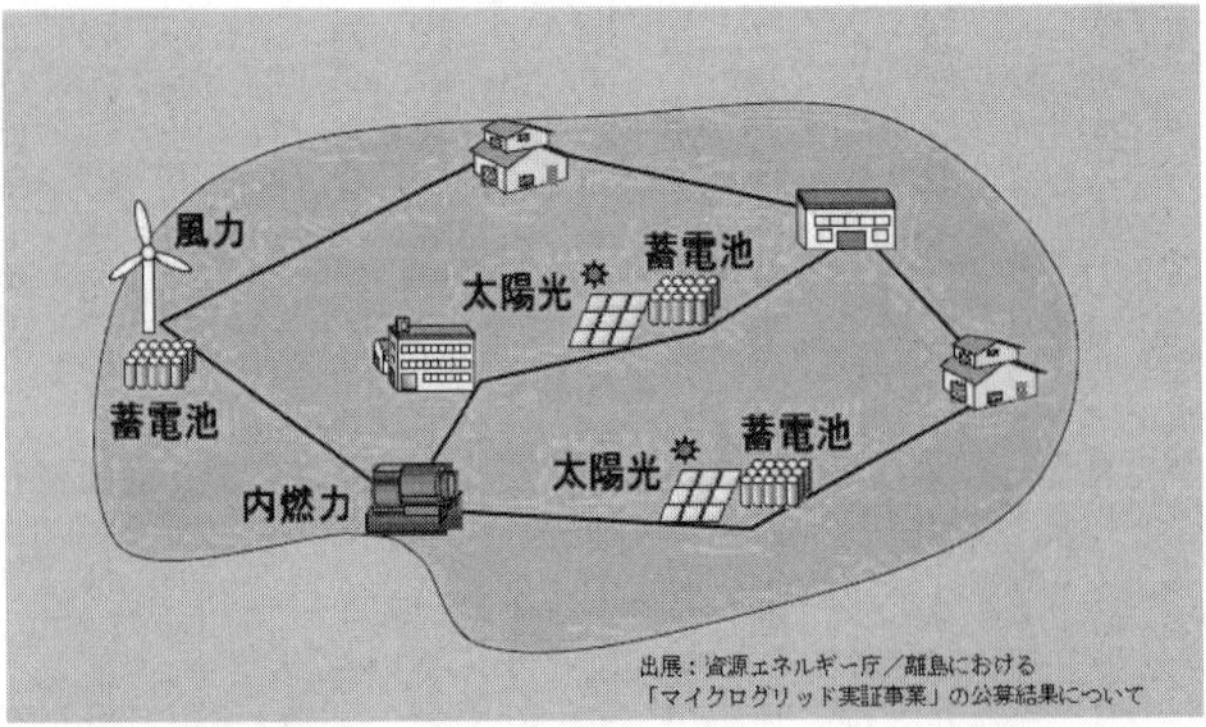

図 4-5　離島マイクログリッドのイメージ例

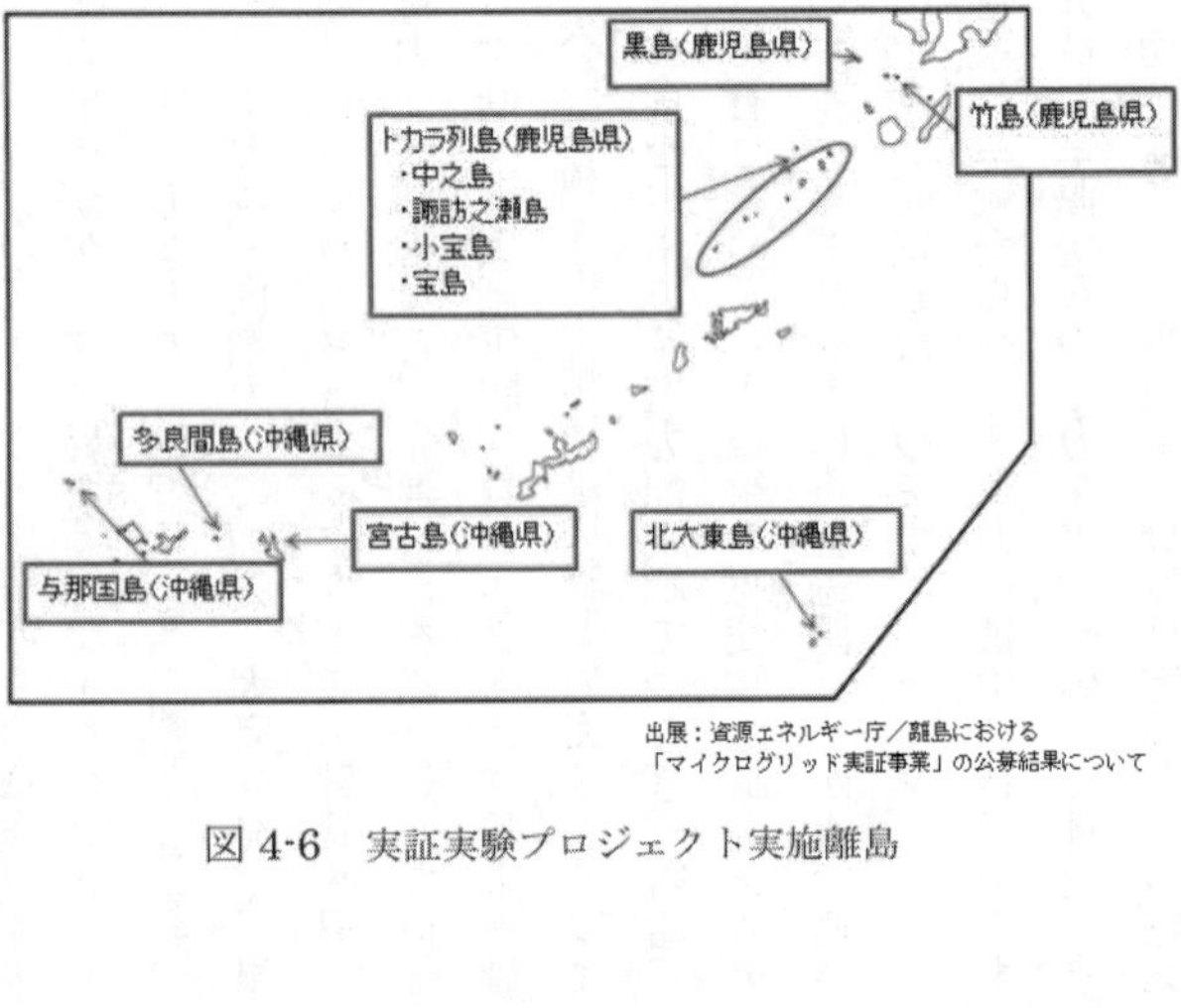

出展：資源エネルギー庁／離島における
「マイクログリッド実証事業」の公募結果について

図 4-6　実証実験プロジェクト実施離島

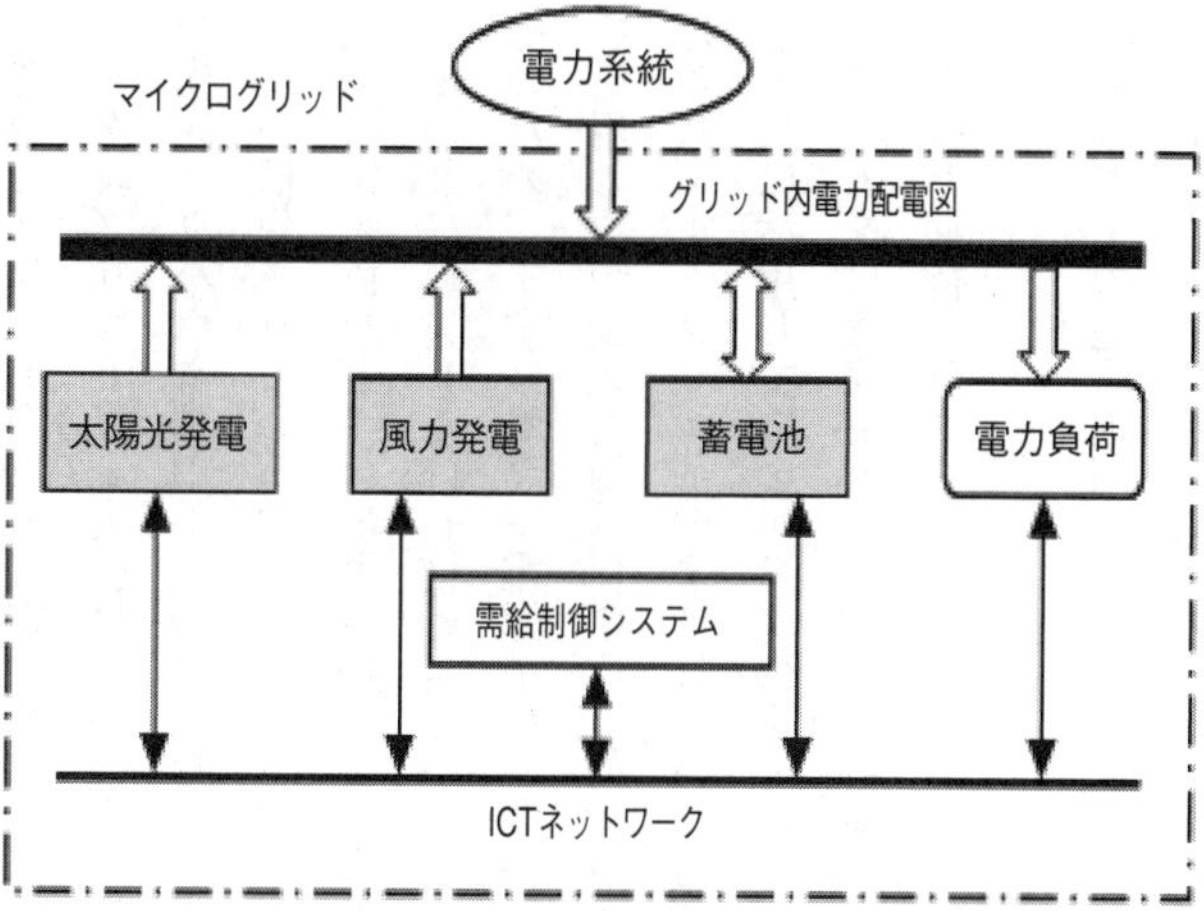

図 4-7　マイクログリッドの構成モデル

を使ってグリッド内負荷に電力を供給する形態となります。現在進められている離島でのマイクログリッド実証実験は、このことを想定した各種検証データを積み重ねてグリッドの構成ノウハウや制御手法の確立などを目指したものです。

現在構想されているマイクログリッドは、規模が比較的小さく、再生可能エネルギー発電や蓄電装置などの分散型電源だけでなく、ＩＣＴ機器を含む制御システムなどある程度大掛かりに導入しなければならないため、コスト対効果などの面で課題が多くあります。そのため、まずは離島や電源系統の弱いへき地など特別な電源事情の地域で、分散型電源を活用しつつ安定電源確保する目的で導入されることが期待できます。将来は、日本におけるスマートグリッドのように、再生可能エネルギーの大量導入を前提に、ＩＣＴ技術を最大限に活用して広いエリアの電力需給バランスと電気の高品質を維持する次世代送配電システムを構築するうえで、マイクログリッドで蓄積される実績や成果が、大いに活かせるものと期待されます。

エネルギーの地産地消

再生可能エネルギー発電の全量買取制度が近々スタートしますが、この制度は電力会社が普通の電気より高い固定価格で買い取り、その買取り差額の費用は一般の電気料金に上乗せして回収する仕組みです。全量買取制度は、あくまで太陽光発電など再生可能エネルギーの普及促進への時限的或いは過渡的な施策と捉えるべきで、恒久的なインセンティブとすることは社会全体での公平性や本来の制度目的から外れることになり適切ではありません。現に年を追うごとに買い取り価格は低下していく仕組みになっています。そこで再生可能エネルギーを組み込んだ将来の望ましい電力形態として「エネルギーの地産地消」を提案します。つまり、再生可能エネルギーで発生した電力はそこ又はその近傍で消費するという〝電力のコンパクトクローズシステム〟の採用です。特に〝電気〟は発電と消費が同時／同量でなければならない物理的宿命があります。再生可能エネルギーの発生電力が系統の許容範囲を超えた場合、顕在化する種々の電力品質障害への対策が後手に廻り、系統不安定化問題の本質的予防／抑制対策となりません。

資源エネルギー庁ではこの将来発生する問題とその対応策をさまざまな条件を予測しシミュレーションを行っています。例えば、政府の中期計画である２０２０年に２８００万kWの太陽光発電設備が導入されると、全国の電力系統への流入許容電力１０００万kWを超える１８００万kW相当の発電力が系統にとっての余剰流入となり、そのため電力系統側に電気的品質障害だけでなく、太陽光発電の電気が系統へ流れない（電力を買ってもらえない）という問題も発生し設置者の不公平が生じることもあり、表4―1に示すような幾つかの対策を検討・提案しています。

その一つは第三章で述べた太陽光発電の出力抑制です。しかしこの出力抑制策でPCS出力を極端に抑えることに対して、太陽光発電設置者のコンセンサスが得られ難いという課題があり、配電系統側ないし太陽光発電側にも何らかの対策が必要であり、その有力な手段として蓄電池の設置が提案されています。これは系統安定化の効果だけでなく、太陽電池、燃料電池、蓄電池のような分散型電源（これらを〝電池三兄弟〟ということがある）を需要家側に併用設置すれば、常時（系統正常時）及び停電時いずれにも蓄電池の機能が発揮でき、「エネルギーの地産地消」を実践できます。また、系統停電時の電気のバックアップにも寄与することも重要なポイントです。一方、電力系統（配電系統や変電所）に蓄電池を設置するには電力会社の費用負担が大きいことや、局所的問題への品質対策に限界があります。実際には前述の太陽光PCSの出力抑制と系統側と需要家側に相互補完的な蓄電池導入が現実的であると思われます。その際、家庭内蓄電設置へのインセンティブを高める補助金等の制度の充実や、国民への再生可能エネルギー大量導入への各種

表 4·1　余剰電力発生／出力変動への対応策と課題

課題	概要	対策と技術課題
①余剰電力の発生	○太陽光発電の導入量が増加すると、電力需要の少ない時期(軽負荷期)に、ベース供給力(原子力＋水力＋火力最低出力)等と太陽光発電の合計発電量が電力需要を上回り、余剰電力が発生。	○電力系統への蓄電池の設置や揚水発電の新増設(可変速化を含む)。 ○余剰電力を発生させない、あるいは余剰電力の発生量を軽減するための太陽光発電の出力抑制や新規の電力需要の創出。
②出力変動に伴う周波数調整力の不足	○太陽光発電の出力は、天候等により大きく変動し、現時点ではその出力データや分析等について十分なデータの蓄積や知見が得られていないため、太陽光発電の出力予測は困難。 ○太陽光発電の導入量が拡大すると、短期的な需給バランスが崩れ周波数が適正値を逸脱する等、電力の安定供給に問題が生ずるおそれ。	○揚水発電の新増設(可変速化を含む)や電力系統への蓄電池の設置、火力・水力発電との協調制御に向けた蓄電池の制御技術の開発。

出展：資源エネルギー庁／次世代送配電システム制度検討会(第 1 回)資料

施策・制度とそのコスト負担を分かり易く説明し、加えて「エネルギーの地産地消」の啓蒙活動を地道に行うことが必要と考えます。

〔三〕ＩＣＴの活用（スマートグリッド）

重要家側でエネルギーの効率的な利用を実践しようとする意識を喚起し、実際その行動を起こすには、どうしてもその実態をモニタリングできなければなりません。やみくもにエネルギー使用を節約するだけでは日常生活で我慢を強いることになったり、ビジネスや生産に支障が出たりします。本質的には、日常生活やビジネス業務、産業や生産活動に影響が出ない範囲で効率よく、最適なエネルギー利用を実践することが基本です。とりわけ家庭内での電気エネルギーが近年増大しており、電気エネルギーの見える化による省エネ効果が現実的です。さらに需要家や電力供給者などに有益な付加価値情報を提供できるとすれば、新たなビジネスを創出することも可能でしょう。すでにスマートグリッドの分野に大手ＩＣＴ企業が幾つも参画し始めているのは、正に新ビジネスモデルの構築を狙った戦略的先行投資と言えます。

エネルギー利用の見える化とその手段

今現在のエネルギー消費の状態を知るには、まず物理的計測のセンサーを設置し、その計測データを通信手段によって伝達し、その他の関連情報と組み合わせ処理して、モニター装置へ表示するという仕掛けが必要です。ここで活躍するのが〝ＩＣＴ〟（情報&通信技術）です。そのセンサーとして、すでに国内でも各電力会社が導入設置し始めているのが〝スマートメーター〟です。（写真４―１参照）

スマートメーターは次世代の電子式計量器で、特に電力量（電圧、電流を含む）向けの計量器を指すことが多いようです。これには計量・計測したデータを通信手段により外部に情報伝送できるインターフェイスのソケットを有しており、これがこれまでの計量器と大きく異なる点です。これは将来、遠隔検針を行うための先行的なメーター設計への織り込み機能です。

家庭内でのデータ処理及び情報表示装置については、単にデータ表示機能だけの簡素な小型ディスプレイから、〝ＨＥＭＳ〟（Home Energy Management System）と呼ばれている家庭内のエネルギーのモニタリングとエネルギー利用方法の制御を総合的に行うシス

（出展：経済産業省／「スマートメーター制度検討会報告書」）

写真 4-1　新型電子式電力メーター
（スマートメーター）

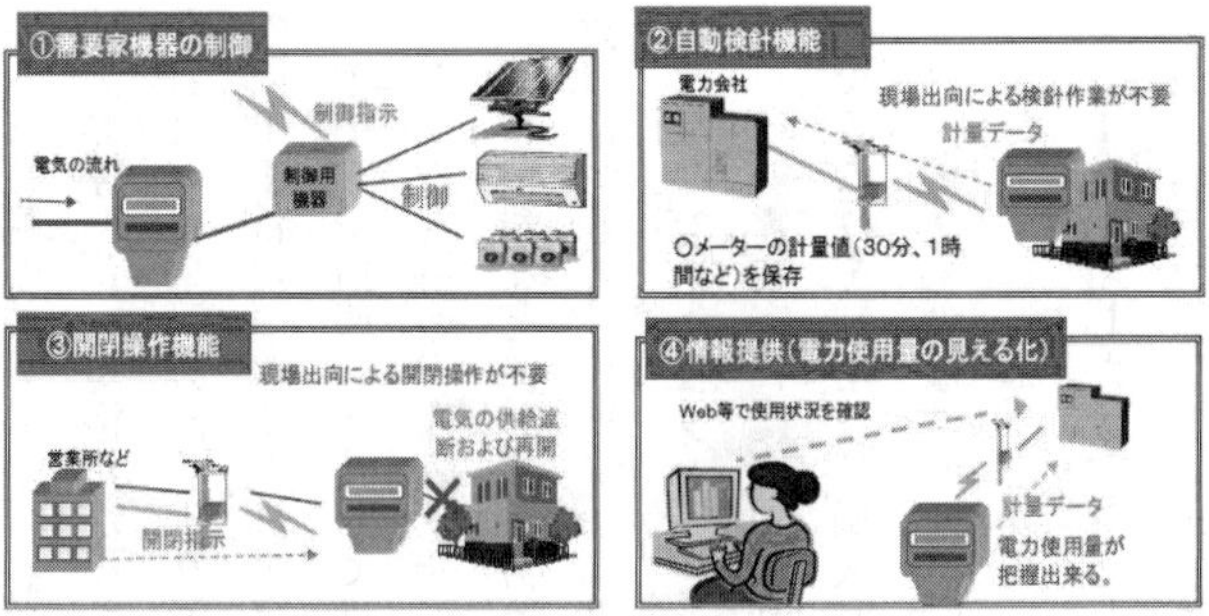

（出典：経済産業省資源エネルギー庁／「電力系統における通信の現状と双方向通信の導入に向けた課題について」資料）

図 4-8　ICT を利用した HEMS による
エネルギーの見える化

テムまで幅が広いのが現状ですが、いずれデファクトスタンダードへ淘汰されるか、或いは業界標準化・規格化がなされることになります。このようなネットワークシステムができると、将来双方向データ通信や情報の集積・加工・編集を主体とした新たなマーケットの創出や新規情報サービス事業への発展の可能性が大いにあります。

データや情報の例としては、電力供給側から需要家側への情報として電気料金情報カレンダー設定情報、太陽光発電の出力抑制信号、省エネのインセンティブ情報やポイントサービス情報などであり、需要家側から電力側のものとしては、使用電力量、省エネ運転実績情報が考えられます。またサービス事業として、企業向けにはエネルギーコンサルティングサービスやエネルギーマネジメントサービスがビジネスとして成り立つ可能性があり、一般需要家には電力の利用状況／使用実績によって需要家の生活状況や趣向を推定把握できこれを利用して個人向けに広告宣伝や生活支援などの今までにない新サービスビジネスも考えられます。（図4―8参照）

ICTを利用したデマンドレスポンス

最近〝デマンドレスポンス（需要応答）〟という言葉が時々使われてきました。概念を簡潔にいえば、電力系統におけるピーク需要時などに応答して需要家側の電力消費を低減したり、他の需要家に余剰電力を融通したりすること、或いはそのようなシステム的仕組みを指します。デマンドレスポンスを導入するためには、時間帯や需要に応じて動的に変動する電力料金プランを予め導入する必要があります。日本の電力会社も、時間帯別料金メニューを用意していますが、将来はダイナミックプライシングという更に料金設定の柔軟性を高めた考え方も検討されています。

この需要家側の電力消費を制御する方法としては、需要家自身が電気料金などのインセンティブのもとにエアコン・照明などの負荷調整（抑制）を行うか、逆に電力供給側が通信回線・スマートメーターを介して負荷制御するか、それとも将来普及が期待されるHEMSやBEMS（Building Energy Management System）などのエネルギー一括管理制御するシステムにより最適負荷制御を自動的に行わせるかなどの方法が考えられます。将来の可能性としては、ピーク需要時の負荷調整の要求は電力供給側から発信され、それを受けたHEMS、BEMS、CEMS（Community Energy Management System）等のシステムがこれに応じた需要抑制目標とそれに伴う電気料金などのインセンティブメニューを需要家へ提示し、需要家はこれを見て自身の判断のもとに電気機器の抑制操作をする

という基本的な関連図ができるのではないかと考えられます。（図4―9参照）

需要家自身がデマンドレスポンスに対する理解と認識を持つこと、それと最も重要なことは電力供給側も含めた地域のエネルギー問題に対する当事者意識／参画意識が需要家一人ひとりにあるかどうかが決め手となります。現在日本国内四地域（横浜市、豊田市、けいはんな、北九州市）で進められている「次世代エネルギー・社会システム実証」（スマートコミュニティ実証）プロジェクトでも、それぞれ特徴あるデマンドレスポンスの実証実験が住民参加の形で進められています。

エネルギーマネジメントシステム（HEMS、BEMS、CEMS）

HEMS（Home Energy Management System）

HEMSは、住宅のエネルギー消費機器をICT技術の活用によりネットワークでつなぎ自動制御する技術で、家庭内のエネルギー使用量や機器の動作を計測・表示して、需要家に省エネを喚起するほか、機器や設備の運転を効率的に行い、総合的に省エネルギーを実現するためのシステムのことです。民生部門における地球温暖化対策としての家庭におけるエネルギーを適切に管理するため、家庭用エネルギーマネジメントシステムの重要性

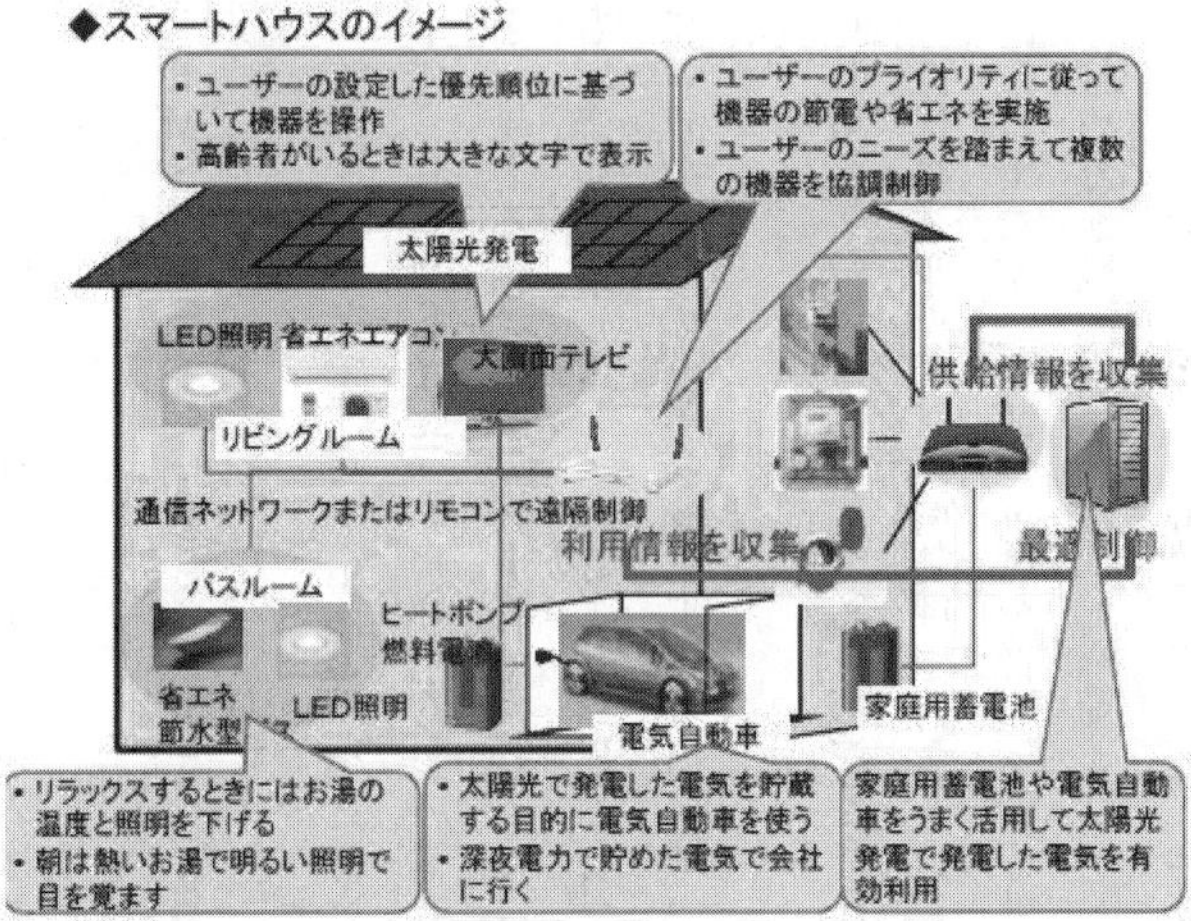
◆スマートハウスのイメージ
・ユーザーの設定した優先順位に基づいて機器を操作
・高齢者がいるときは大きな文字で表示
・ユーザーのプライオリティに従って機器の節電や省エネを実施
・ユーザーのニーズを踏まえて複数の機器を協調制御
太陽光発電
LED照明
大画面テレビ
供給情報を収集
リビングルーム
通信ネットワークまたはリモコンで遠隔制御
利用情報を収集
最適制御
バスルーム
LED照明
家庭用蓄電池
電気自動車
・リラックスするときにはお湯の温度と照明を下げる
・朝は熱いお湯で明るい照明で目を覚ます
・太陽光で発電した電気を貯蔵する目的に電気自動車を使う
・深夜電力で貯めた電気で会社に行く
家庭用蓄電池や電気自動車をうまく活用して太陽光発電で発電した電気を有効利用

（出典：経済産業省／「次世代エネルギー・社会システムの構築に向けて」資料）

図 4-9　HEMS を中核とするスマートハウスのイメージ

が認識され始めた２００２年ころから次第にいろいろの場面で使われ始めました。

ＢＥＭＳ (Building Energy Management System)

〝ＢＥＭＳ〟（ビルエネルギー管理システム）は、ビルや業務用施設のエネルギーを最適に管理することで、ビル全体の環境負荷を抑え、節電や省エネを実現するためのシステムです。ＨＥＭＳと比べて規模や機器の構成などは大きく違うが、建築物のエネルギー利用を「見える化」するシステムである点では同じと言えます。ＨＥＭＳとＢＥＭＳはいずれも、資源エネルギー庁が２０１１年３月に公表した「省エネルギー技術戦略２０１１」に、重要分野の基幹技術として盛り込まれています。

ＣＥＭＳ (Community Energy Management System)

更にエネルギー管理の範囲や対象を大きく広げ、地域の住宅やビル・施設、工場・事業所だけでなく、当該地域の分散型電源や熱源とその流通設備、交通など社会インフラまでも含めた地域総合エネルギー管理システムとして〝ＣＥＭＳ〟（コミュニティエネルギー管理システム）という概念が登場してきました。そのため、ＣＥＭＳはＨＥＭＳやＢＥＭ

Sなどの上位に位置する統括マネジメントシステムであり、スマートグリッドが電力供給側から発想した次世代送配電システムに対し、CEMSは需要家側から生まれた次世代エネルギー総合管理システムと捉えることができます。前述の国内四地域のスマートコミュニティ実証プロジェクトは、まさにCEMSとスマートグリッドを融合した一大プロジェクトという位置づけで、推進自治体や大手企業だけでなく、地域住民および幅広い産業裾野を支える地域に根ざした中堅・中小企業のプロジェクト参画も必要であると感じます。

ICTを駆使したスマートグリッドやスマートコミュニティが非常に注目され、世界中が期待しているのは、単に電力エネルギーシステムの再構築だけでなく、それがエネルギー利用のコア・インフラとなって、あらゆる産業に新しいビジネスが創出される可能性があり、最先端技術がそこに結集し、そこを核として新たな事業が展開し始めるからです。このICT技術のほか、次世代電力送配電網のシステム技術、再生可能エネルギー技術、省エネルギー技術、自動車・交通システム技術などの日本が得意とする技術において、今後さらなるイノベーションと世界標準化へ向けた活動が期待されます。

ＩＣＴインターフェイス

将来のエネルギー効率利用を追求した家庭内設備・機器を想像してみると、太陽光発電、燃料電池、蓄電装置が設置され、電気自動車、テレビ、ＤＶＤなどのＡＶ機器、パソコン、携帯端末ＩＴ機器、空調機器、調理家電機器、住宅設備機器などが備え付けられ、建物には電流・電力センサーをはじめとする各種センサー群が張り廻らされ、電気・ガス・水道などの引き込み口にはスマートメーターが取り付けられ、これらと有機的に接続されたＨＥＭＳが設置されています。このようにシステム化された家庭内で中核となるＨＥＭＳと様々な機器・設備・センサー・メータが有機的に繋がるホームネットワーク化のためには、全てに共通した情報のやり取りの統一が不可欠であり、これをインターフェイスの標準化と呼びます。このインターフェイスがまちまちだと個別に通信手段を講じなければならず、システム化ができないだけでなくコストも大きくなり、社会に広くに普及し発展することが望めません。（図４―10、図４―11参照）

経済産業省は、家庭用エネルギー管理システム（ＨＥＭＳ）とスマートメーター（通信機能付きの電力量計）、家庭用機器・エネルギー機器の標準接続インターフェイスとして、家電を中心にした企業連合「エコーネットコンソーシアム」が策定した規格「エコーネッ

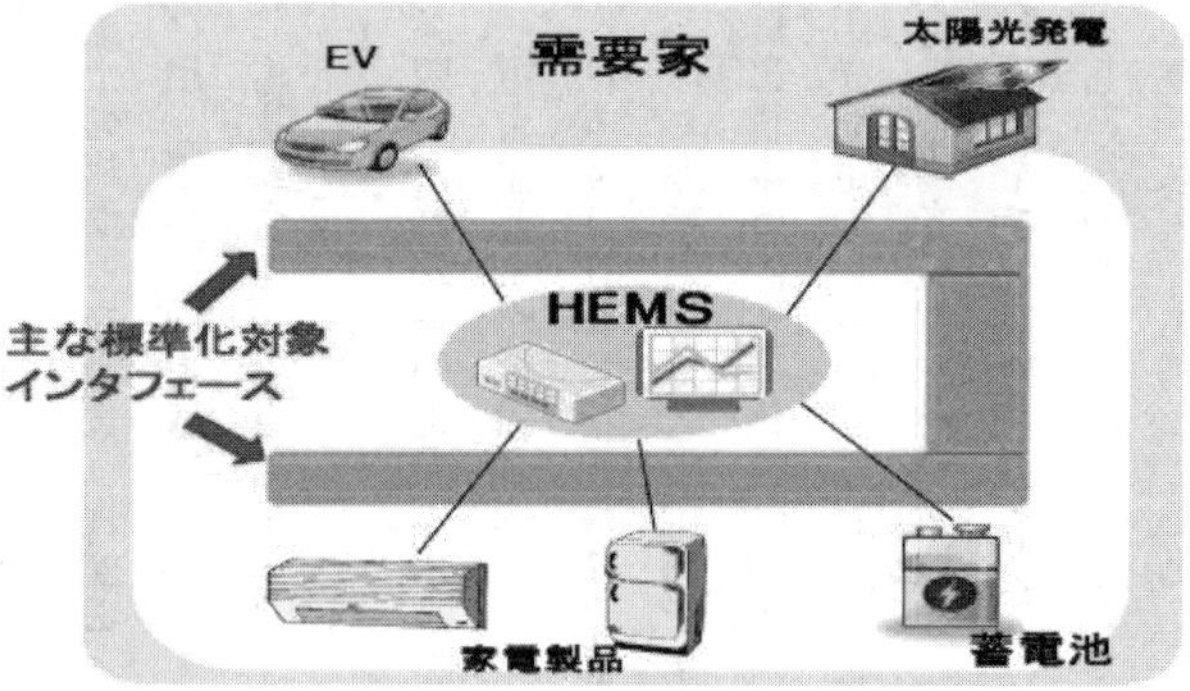

（出典：経済産業省／スマートハウス標準化検討会資料）

図 4-10　HEMS 関係の標準化対象領域

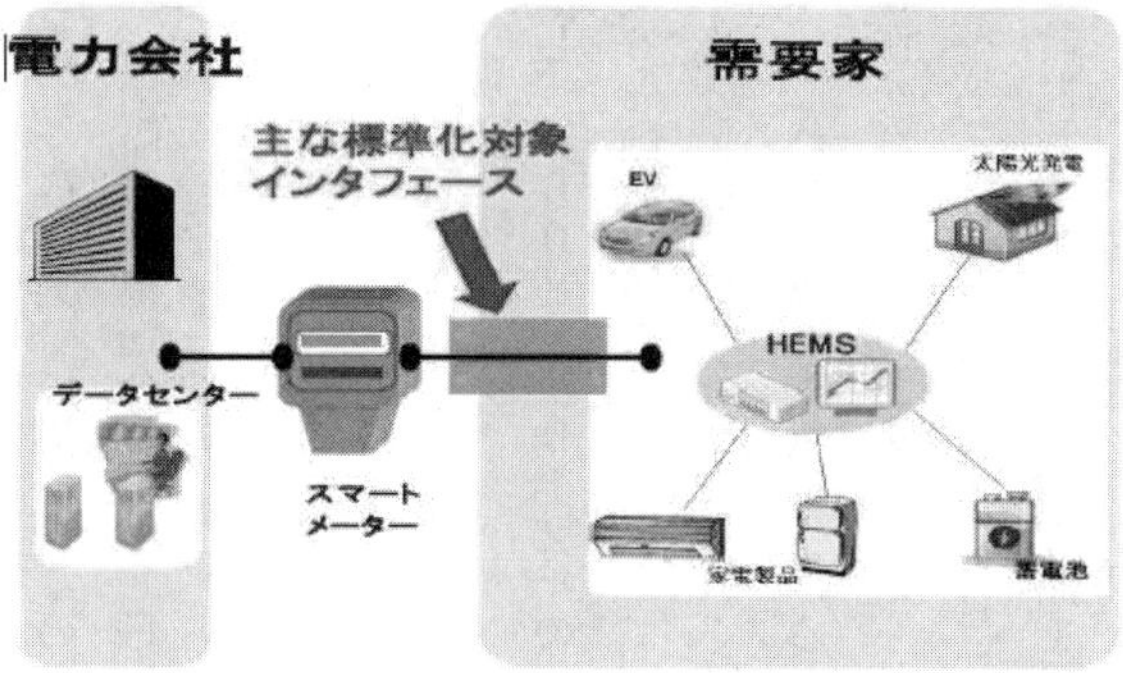

（出典：経済産業省／スマートハウス標準化検討会資料）

図 4-11　スマートメーター関係の標準化対象領域

ト・ライト」（ECHONET Lite）の採用を決め、スマートグリッドに関する日本企業の事実上の標準となるよう促すことにしました。また今後、実際に接続するのに必要な指示呼び出し手順を同規格に準拠して開発し、さらに国際電気標準会議（ＩＥＣ）の該当委員会にも提案する予定としています。

〔四〕これからの電力エネルギーシステム
電力需要家が供給者へ

日本は２００２年６月に京都議定書を批准し、２００８～２０１２年の第一約束期間における温室効果ガスの排出を１９９０年比で６％削減することを約束しています。これを機に日本は低炭素化社会の実現へ向け大きく舵をきり、その切り札として原子力発電と太陽光発電の普及を国策として推進しています。これまで専ら電気を受けるだけの需要家が自ら太陽光発電や燃料電池などの小型分散電源を設置して電気を作り自ら使う、或いは余剰電力を蓄電池に貯めて必要なときに使う、電力会社に一定の料金で買い取ってもらう、もし系統の商用電源が停電しても、需要家に設置した燃料電池や蓄電池を組み合わせて電気のバックアップとして使う、このような形態の需要家がこれから急速に増えていくでしょう。しかしここで重要なことは、電気は他の一般商品と本質的に異なり、社会全体の日常欠くべからざる、また他に代用が利かないエネルギーインフラであり、電気の品質と安定供給が何よりも優先されなければなりません。再生可能エネルギー大量導入によって需要家や新規の事業者が発電事業に参加することになりますが、これまでの電力会社による供給責任が失われることがあってはなりません。

スマートグリッド／スマートコミュニティ

現在我が国における電力系統ルールでは、電力の安定供給を大前提とし、公平な競争原理を確保するために、電気の品質に関して「電力品質確保に係わる系統連系技術要件ガイドライン」（資源エネルギー庁通達）、保安に関して「電気設備の技術基準の解釈」（経済産業省電力安全課通達）、電力会社が定める「系統連系技術要件」などがあります。また一般社団法人　電力系統利用協議会（ＥＳＣＪ）が策定する送配電設備の設備形成、系統アクセス、系統運用および情報公開などのルールがあり、これらのルールを電気事業者や関連業界は地道に確実に実践してきたことで、これまで我が国の電力システムにおけるその高品質と安定供給が維持向上されてきたと言えます。電気事業者には、電力会社である一般電気事業者、２００万kW以上の発電設備を持ち電力会社に電力を供給する電源開発（Ｊ－ＰＯＷＥＲ）や日本原子力発電のような卸電気事業者、５０kW以上の高圧需要家向けに自営の発電設備や電線路を用いて電力供給を行う特定電気事業者などがあり、いずれも電力系統ルールを厳格に守っています。（図４―12参照）

しかし今日では、「再生可能エネルギーの利用」が地球温暖化対策およびエネルギーの国内自給率向上、更には環境・エネルギー関連の新しい産業やビジネスの創出と育成の観点から注目され、その導入拡大が重要な政策課題となっています。資源エネルギー庁では、この再生可能エネルギー導入が計画通りに普及していった場合を想定して、それに対応した次世代送配電システムの構築について、研究会やワーキンググループなどを設置し推進しています。

このような取り組みは、言い換えれば、再生可能エネルギーの大量導入を前提にして、これらから発電される電力を最大に利用しつつ、それによる電力系統への悪影響（系統不安定化）等を最小に抑えて品質の良い安定的な電力利用を目指した次世代電力系統網の構築であり、正にこれが〝日本版スマートグリッド〟へのアプローチといえます。一方、同じく再生可能エネルギーの大量導入をベースに電力系統だけでなく、電力供給者、需要

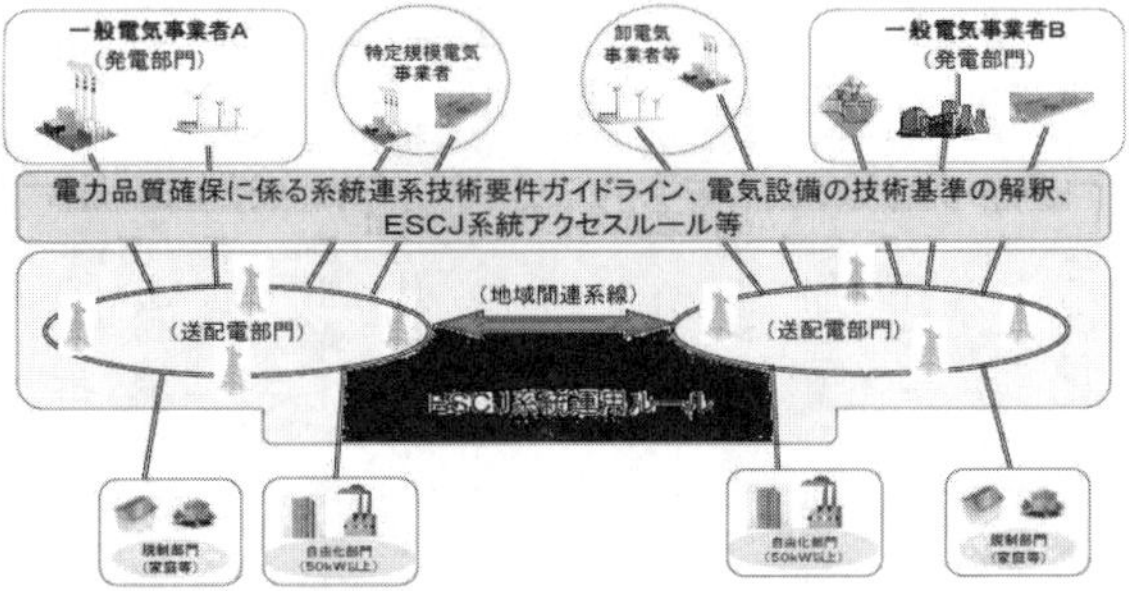

（出展：経済産業省／次世代送配電システム検討会第 1WG 報告書）

図 4-12　電力系統接続ルールの図解

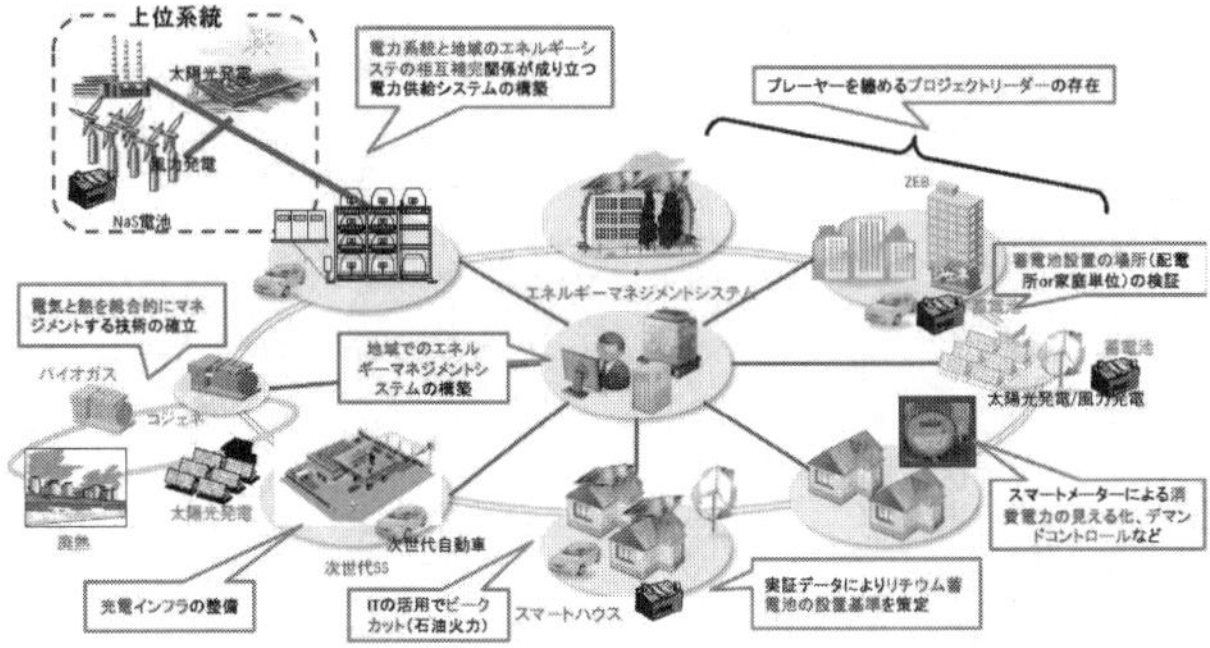

（出所：経済産業省／「次世代エネルギー・社会システムの構築に向けて」資料）

図 4-13　次世代エネルギー・社会システムのイメージ

家、行政自治体、新規参入事業者が参画して地域のエネルギーシステムと環境の最適化を目指して将来の都市（地域）のありかたを検証するモデルプロジェクトがスマートコミュニティということができます。また、スマートコミュニティは、その地域の電力インフラに関してはスマートグリッドの目指すところを含みながら、太陽光発電や風力発電などの再生可能エネルギー、燃料電池など新エネルギーおよび電気や熱など既存エネルギー源も含めて地域全体のエネルギーの統合的システム化を基盤に、都市や交通システム、ライフスタイルまで展開する次世代エネルギー・社会システムという見方もできます。（図4―13参照）

将来のスマートグリッド／スマートコミュニティでは、エネルギー産業、ＩＣＴを核とした製造・サービス産業をはじめ、これまでにない新しい事業・新ビジネスやそれを通じて生まれる付加価値の創造や便益の提供を目指して、世界中の業界・分野を超えて大手企業だけでなく中堅・中小企業、ベンチャー企業が参入し、激しい競争を繰り広げることが予想されます。それは市場の創出・拡大、経済の成長、生活者の活性化につながるもので、世界中がここに大きな期待を寄せているのも事実です。しかしながら、その中で最も重要な基本事項は、〝電気〟という社会基盤を支えるエネルギーをこれまで以上に安定確保することであり、それを確実に実践し且つ責任をもてる体制が必要であること、そのためには電力供給責任を負ってきた従来の電力会社が積極的に再生可能エネルギーの大量導入やスマートグリッド／スマートコミュニティの推進役としてリードしていく必要があると思われます。

国際標準化における日本の戦略

現在、スマートグリッドに関する国際標準化の動きが、米国、ＥＵ、日本などでそれぞれの政府機関、標準化機関、学会が中心となって活発に行われています。スマートグリッドは、最新のＩＣＴ技術を最大限に活用する次世代送配電網であるから、これらの構成要素はデバイス、コンポーネント、機器、装置、通信、システムと極めて広範囲におよび、それらの相互接続も多岐にわたるため、インターフェイスの標準作りは極めて重要であると言えます。日本の企業が、海外に事業展開するためには、政府と企業連合、学会などを含む民間が一体となって積極的かつ戦略的な技術開発、国際標準化、海外展開を進めていく必要があります。

このため、経済産業省は、２００９年8月に省庁、産業界、学識経験者から構成された

「次世代エネルギーシステムに係る国際標準化に関する研究会」を発足させています。この研究会では、競争領域と協調領域を分けることを意識し、日本の各分野の強みと弱みを踏まえて26の標準化重要アイテム特定し、（1）積極的に国際標準化提案をしていく分野、（2）国際標準化動向を注視していくに留める分野、（3）標準化すべきでない分野、に分けて標準化テーマを検討し、国際標準化ロードマップとして取りまとめを行ってきました。

国際標準化は規格化までのプロセスが重要であり、米国のＮＩＳＴの動向把握と協力関係の構築やＩＥＣでは国内対応委員会の強化が必要であるし、更に日本の提案に賛同する諸外国をどう取り込むかという水面下の活動や外交交渉も戦術として欠かせません。

標準化の一例として、これから急速に発展・普及すると期待される電気自動車（ＥＶ・ＰＨＶ）の蓄電池の急速充電・放電の詳細な方法や充電器の仕様などを総合的に標準規格化し、これを国際標準化にまで視野に入れた計画で推進している〝チャデモ協議会〟があります。〝CHAdeMO〟（チャデモ）は当協議会が標準規格として提案する急速充電器の商標名で、当協議会が推奨するCHAdeMOプロトコルを標準規格として国内の自動車会社、充電器メーカはこれを採用しており、最近は米国や一部の欧州諸国で採用され始めています。因みに、〝CHAdeMO〟とは「CHArge de MOve = 動く、進むためのチャージ」、「de＝電気」、また「クルマの充電中にお茶でもいかがですか」の3つの意味を含んでいるといいます。

スマートグリッドの構築者

政府は地球環境の主導的役割を果たすため、2010年6月に閣議決定した「新成長戦略」の中に「グリーン・イノベーションによる環境・エネルギー大国戦略」が成長戦略の筆頭に上げられ、スマートグリッドの導入が織り込まれています。しかし大震災後は、CO2削減の国際公約を踏まえた国のエネルギー政策について、原子力発電を基軸として再生可能エネルギーを強力に取り組む方針を打ち出している中、事故調査も待たずに原子力発電を全廃するような発言して、混乱を大きくしています。

再生可能エネルギーの大量導入、分散電源の普及に対して期待がもたれているスマートグリッド／スマートコミュニティは魔法の処方箋ではありません。新たなパラダイムとそれにマッチしたインフラシステムを築いていくには新しいエネルギー政策のもと電力の供給者、需要家に加えて、新しいシステム・サービスを提供する企業（メーカ、ベンダー）を加えた相互連携構図が不可欠です。

再生可能エネルギーの大量導入は、社会のありかたや企業活動に大きく係わる問題となるもので、行政や専門家だけでなく、電力供給当事者や需要家が参加して、今後のエネルギーのあり方を充分検討する必要があります。これからは、スマートグリッドのように電力エネルギーシステムの多様化が進む中で、社会のライフラインと安全・安心を担保できる供給体制が必須であり、私たち一人一人が関心を持ち、検討に参加することが必要です。

第五章　電力安定供給と電力自由化・発送電分離

前章まで日本の電力品質の高さとその仕組み、再生可能エネルギーの導入とりわけ太陽光発電の急増に対応する課題とその取り組み、さらに期待や言葉が先行しているスマートグリッド、スマートコミュニティの現状と今後の課題、今後のエネルギーシステムのありかたについて述べてきました。

ここで電力というものを原点に返って考えてみたいと思います。大震災以降、政府はことさら原子力政策を曖昧にし、再生可能エネルギーに託すような言動が目立ちます。加えてそのためには電力自由化、発送電分離が欠かせないような論調があります。はっきり言えることは、再生可能エネルギー、スマートグリッドの普及には、しっかりしたベース電源とそれを含む電力系統の一貫した安定化策が必要であり、発送電分離はこのことを難しくさせても、解決には繋がらないものです。福島第1原子力発電所事故の教訓を至急反映し、原子力の安全を確保することをまずやらなくてはなりません。そして、原子力をベース電源に据え、高効率の火力、再生可能エネルギーの最大活用をめざすベストミックスのエネルギー政策はしっかりと継承すべきと考えます。

〔一〕電力は社会のライフライン

電気の発明によって人類は科学・技術を発展させ、飛躍的に社会を変えました。もし電気の発明がなかったとしたら、今日の情報社会もボーダレス社会も生まれず、おそらく世界は100年前とそう大きくは変わらなかったと思われます。電気が登場し社会の基盤になったのは、高々100年余り。それも本格的な普及は戦後、現在の地域別一貫体制のもとでの高度成長期からであります。電気のおかげで、きわめて便利な時代になっています。

都会に生まれて、現代社会で育ってきた人が、いきなり電気のない原始生活に突如放り込まれたら、おそらく生きていく術を失って生存できないに違いありません。電気を利用しているのは明かりや冷暖房だけではありません。水道、ガス、交通、通信、食品、トイレ、家電品、医療機器、生産設備など、社会のすべてが電気なしでは作れないし使えません。情報もテレビや電話はおろか、携帯電話やスマートフォンも充電しないと使えません。身の回りを見渡してみると、ありとあらゆるものが電気の恩恵を受けて存在していることに気がつきます。

つまり現代社会においては、電気は空気や水と同様に、生活には欠かせないものであり、一刻も供給が滞ることは許されないライフラインになっています。とりわけ医療施設や交通システム、水など、電気が止まると即、人命にかかわることになります。したがって電力供給者についてはまず必要とするところに必要なだけ供給すること。そしてひとときも止めてはなりません。安定供給が絶対的使命ということになります。言い換えますと料金によって安ければ使う、高ければ使わないという一般的な商品（コモディティ）とは全く異なり、社会生活を営む上で必要不可欠なものが電気です。すなわち、電力事業という立場は、供給責任が第1に考えられるべき公益性の強い事業ということになります。

〔二〕電力の商品特性

電気の重要な特性として、発電機で発生した電力は、送電線・変電所・配電線を通り、消費者の電気品まで線路でつながって仕事をして、瞬時に発電機に戻ってきます。途中で貯蔵したり、加減したりできない、常に需要者の使用量に見合う量を瞬時に、作って送る必要があります（同時・同量）。もちろん電気エネルギーを位置エネルギー（揚水発電所）や化学エネルギー（蓄電池）に置き換えて貯めることはできますが、その装置に多大なコストを掛ける必要があります。これも他の品物と決定的な違いであり、保存が効かないということは24時間365日、一時も休まずに常に使うだけの電気を発電し、供給しなければなりません。あまねくすべての需要家に対し瞬間・瞬間の産地直送品を届けなければならない商品です。このために常に必要な発電量を予測して最適な地域全体の電力運用をやっています。つまり安定供給を確保しながら経済性・効率性を追求した形で発電・送電計画を策定し発電指令、送電・配電指令を出しています。そして毎瞬時、安定して電気が使えるよう個別の発電制御、送電・配電制御がなされています。つまり電力は発電から送電、配電、需要家の消費まで一気通貫の運営管理、制御が必要な代物だということになります。

〔三〕電力の設備特性

経済成長や社会の発展とともに電力使用量は増加の一途をたどってきましが、これを先取りして地域の需要予測を策定し、発電所や送電線、変電所、配電線の建設の先行投資をしなければなりません。立地まで考えると建設には10年、15年かかる事業になります。さらに大事なことは、電力使用量は季節でも、曜日でも、一日の中でも、大きく変動しますが、電力系統は、発電能力が常に余裕を持って需要を上回っている必要があります。もし発電能力が不足するとドミノ倒しのように、系統全体が停止する事態も起きます。今回の福島の事故後、全国の原子力発電所を順次停止させているため、節電要請を余儀なくされていますが、それはこのような事態を避けるためです。基本的に電力設備は点検や事故による停止を考慮し、かつピークの需要に十分対応できる設備をもつことが必要になります。このことは、自由化で参入する事業者にとっては稼働率の低い設備の保有は困難ですので、十分な供給責任は果たせないことを意味します。つまり、電気はいかなる需要変動や、災害時も対応できる発電から需要者までの一貫した供給責任体制が不可欠であり、代替物がどこからでも手に入るといったコモディティ商品とはまったく異なり、仲介や市場取引になじまないものです。

〔四〕電力自由化・発送電分離の弊害

一時期電力の自由化で鉄鋼メーカーなど発電事業者（ＩＰＰ）として参入が相次ぎました。しかしその後、原油価格が高騰したのでほとんど撤退してしまいました。電力会社側に十分な余裕があったので撤退しても供給に支障は出ませんでしたが、供給の不安定さを作る失策だったのは明らかでした。結局責任を持って誰かが安定した電力を供給し続けなければなりません。電力の安全・安心の確保、安定供給が社会的使命です。発送電分離して電力供給を市場にゆだねるということは、競争の原理で供給者をふるいにかけることであり、安定供給とは本質的に矛盾するしくみであると言えます。

仮想的に市場を作って電力取引を試みても、儲けを優先する発電事業者は赤字リスクを取らないので、供給を回避することが発生します。その結果全体の供給が不安定なものになってしまう危険性があります。余分な投資はさけて、ギリギリで運営することになります。たとえば燃料費が高騰したら価格を上げられるとは限らず、競争で負けたら供給を止める或いは撤退することとなります。勝ち残ったほうも、リスクを取りませんので、すぐに設備投資をすることにならず、結果として全体が電力不足に陥りかねません。そして思惑の売買も加わって価格も乱高下することとなります。現実に欧米ではこのような事態が発生し電力自由化・市場取引は、かえって多くの課題が生ずる状況があります。（第2編参照）

このようなことは電気の役割や特性を考えれば、自明のことと思われます。そもそも自由化は何のためにやるのか、誰のためにやるのか、欧米が行っているからといってなぜ追従するか？結果として寡占化を招き、価格や供給力が不安定化し、最も重要な安定供給責任を損なうことになりかねません。一部の経済専門家が唱えるマーケットに委ねれば電気も他の商品と同じように安くて良いものに置き換わるというようなものではないのです。世界一品質の良い安定した電力は地域ごとの電力供給一貫体制により確保されています。「地域独占」という言い方で、国民のライフラインを脅かしかねない不安定な体制をなぜわざわざ誘導するのか？電力供給不足が懸念される中、なぜ自由化論・分離論なのか？エネルギー危機が叫ばれる中、混乱を招く事態が懸念されます。国民の冷静な判断が必要です。

すべてマーケットメカニズムで解決するべきだと考える欧米流の市場至上主義を排除し

ないと、日本はますます公益を失い、おかしくなっていくのではないでしょうか。今回の震災で日本人の行動、日本的価値観が改めて評価されています。エネルギー問題は環境問題でもあります。日本は共生が重要な価値観ではないでしょうか。

〔五〕原子力発電に替わるのか？再生可能エネルギー

ウランに代表される放射性物質は人類にとって重要なもので、医療技術や先端技術には欠かせません。反面、核兵器に代表されるように使い方を誤ると取り返しのつかない悪を生むことになります。エネルギー資源が乏しい日本。高度成長期の電力不足を解消する救世主として、平和利用の旗頭として１９６３年東海村で初めて原子力発電が行われました。以来50年間、日本は原子力技術を地道に積み重ねて今や、世界一の原子力技術を保有する国となりました。

原子力発電は核分裂反応時に発生する極めて密度の高い熱エネルギーを利用していますが、同時に放射線を発生するので、安全確保のため極めて厳重な保護を施されています。安全性の確保が原子力発電技術の本丸と言えます。

今回の福島第一原子力発電所事故は大地震と大津波によって全電源喪失、冷却機能喪失、メルトダウン、水素爆発、放射能大量流出という最悪のプロセスを辿り、あってはならない本丸の安全保護が不十分であったことが判明しました。どこに一体問題であったのでしょうか？

原子力発電設備は国の原子力安全指針に基づき建設されていますが、その指針に、今回の事故の根源的な問題が記されています。それは何かといえば、「全電源喪失は考えなくて良い」とされていることです。全ての原子力発電所にも言えることですが、指針に従えば地震と津波によって全電源が喪失するような事態は考えてないということです。まさにこのことがそのあと続いた最悪のプロセスに対応できなかった原因と言えます。なぜなら、想定されない事態については当然、措置も訓練も行われません。したがって十分な対応はむつかしい状況にあったと考えられます。国はまずそのことをはっきりさせることが最も重要です。原子力発電所の再稼働に向けて、ストレステストを時間かけてやることよりも、今回の事態の根源的原因として、指針の過ちを認め、速やかに全原子力発電所に全電源喪失防止対策と万一発生時の対応策を取らせるべきです。

福島第一原子力発電所の事故いらい、原子力発電は、再生可能エネルギーにより代替可能のはずだから、石炭・石油・ＬＮＧなど火力発電を最大動かし、皆で節電すれば原子力を稼働しないで済むというような論調がマスコミを含めて少なからずあるようです。果たして妥当な話でしょうか？再生可能エネルギーは今まで以上に加速させて導入することは必要です。しかし、いきなり原子力の代替に据えるということはいかがでしょうか。少し考えたらいかに現実離れした話であるということが解かります。

第1に節電要請は電力不足懸念による経済活動の停滞を引き起こし、その結果、個人も企業も国家も収入減に拍車がかかること。

第2に燃料費の大幅アップにより社会インフラコストである電気料金が跳ね上がり、すべてのコストに影響が出ること。円高、税金高などで国内産業の流出・空洞化が懸念される中、さらに拍車がかかること。

第3に原子力は発電を止めても使用済み燃料の冷却は続けなければならず、発電所の設備は償却費を含めて維持コストが相当にかかること。結局は膨大なる無駄なコストを国民が負担することとなること。

第4に太陽光発電に代表されるように再生可能エネルギーの多くは、需要に追従できるものではなく、天気まかせの大きく変動する電気です。蓄電装置や電力系統の発電量・負荷量を調整できる装置の設置が不可欠であること（すなわちスマートグリッドの構築)。したがって、コストの問題をクリアし、質・量ともに火力なみの電源に成長するには相当の長期にわたる取り組みが必要であること。

第5に日本は原子力平和利用の技術先進国かつ、原子力発電所輸出を国策としており、今回の事故の教訓を各国へ発信し反映させる責任があること。さらに各国からの期待も大きく脱原発を軽々に打ち出すことは国際的な信頼を失うことになること。

〔六〕原子力発電は電力のベース。そして国策エネルギー

このように現実を考えると、今回の事故の教訓を速やかに反映させ一刻も早く安全性を確保して再稼働させなければならないということになります。今回の大震災、大津波により引き起こされた原発事故は国のエネルギー政策に問題があったわけではありません。大災害にも耐えるべき原子力発電所の安全性に問題があったのですから、事故の教訓を速やかに既存の原子力発電所に反映させて安全を確保することが本質的にやらねばならないことであります。そのうえで、日本国家の長期的エネルギー政策について再度レビューするなら、地球大の温暖化対策も踏まえて、じっくりと時間をかけて多面的な立場で議論すべきであると考えます。

日本は資源がない国だからこそ、原子力を安定したベース電源に据え、高効率の火力発電、地熱発電、太陽光や風力発電などのベストミックスの発電を構築し、世界のエネルギーのあり方をリードしていく必要があります。これまで培ってきた技術をさらに進化させ原子力の安全を万全なものにすること。そして化石燃料の使用を極力抑え再生可能エネルギーも最大限活用していくということが国家のエネルギー政策に据えられています。これを今、軽々に変えるべきでない、後世のためにしっかりと継承しなければならないと考えます。

第四編　わが国の二十一世紀型エネルギー戦略

第一章　二十一世紀のエネルギー戦略と原子力の必要性

〔一〕三・一一後も新興国から大量の原子力発電所建設発注要請

千年に一度という大地震と津波を、三・一一の瞬間まで、おそらく一般国民はもちろん専門家でも殆んどが想定していなかったのではないでしょうか。数年前新潟県中越沖地震の折に、東京電力の柏崎原子力で屋外の変電設備に火災が発生しました。その時学者が、原子力発電所の電源設備の安全性に疑問があると述べたのに対し、政府の説明は十分対応出来るように設計されており問題ないと述べておりました。

しかし、大災害が起きたのです。そしてこの苦しみは、日本民族全体の大変な痛みとなって、それが持続しています。こうした他の国や人々が決して経験していない痛みという経験を、すっかり捨て去っては意味がありません。単なる負の遺産になるだけです。災害列島の上に日本人が営々と積み上げて来た知見を後世のために生かすという深慮が要ると考えます。原子力技術もその一つと考えられないでしょうか。

こうした状況を先取りするように、例えば三・一一からまだ数ヶ月しか経ていない時期に、ベトナムのグエン・タン・ズン首相が、両国政府が一昨年（二〇一〇年一〇月）合意した原子力発電所を、日本から輸出してもらい、同国に原子力発電所二基を建設する方針に、変わりないことを表明しました。その上で、昨年秋（二〇一一年一〇月）には、日本を訪れたズン首相は「日本はベトナムの最も重要な経済パートナーであり、原子力発電所の建設やレアアースの輸出について進めていく」と述べ、日本の今後の協力に強い期待感を示しました。日本のメーカーへの発注は、従来の決定通りだということです。

今後も、中東地域などの新興国だけでなく、欧米諸国からの日本への注文が、今まで同様に進められていくものと思われます。

また、ヨルダン、ロシア、ベトナム、韓国との原子力協定も三・一一の影響は無く、この一月には原子力発電所の輸出を前提とした、それぞれの国との間の協定が発効しました。これは、核物質などの原子力関係資材や技術を移転する際に必要となる国際原子力機関（ＩＡＥＡ）の査察の受け入れや、第三国への移転制限などを定めたものです。この協定が、今回発効したことで具体的な交渉が行えることとなりました。

〔二〕原子力大綱についての判断

ベトナムの首相をはじめ、多くの海外諸国の目が日本の原子力発電を積極的に打ち出しているのは、三・一一以降もわが国の電気事業者が原子力はもちろん、安心安全でかつ効率的な電気の供給に心掛ける努力が実際に行っていることを強く評価しているためです。

例えば昨年の十月以降行われてきている政府の「新原子力大綱策定会議」と称する審議会で、十の電気事業者で作っている電気事業連合会を代表して、八木誠会長は、次のように明確に現在の重要な責務を認識し、経営改善と事業推進に取り組んでいることを、表明しております。

第一に、福島事故を踏まえ、同じ事故は二度と繰り返さないこと。そのために、地震や津波など自然現象に対する安全性評価の充実、従来の内外原子力トラブル対応への知見を迅速に安全対策に反映出来るシステムの構築を、今すぐ実現すること。

第二に、高い安全意識を持った人材育成と確保こそ、今後の事故対策の基本と認識し、早速九電力を横断した人材の育成実行を始めること。

第三に、クリーンエネルギーの選択は、一方的に自然エネルギーに転換するという稚拙な選択ではなく、従来の原子力を主体にした取り組みを拒否すべきでないこと。経済性を含めエネルギーセキュリテイ、環境適合性、社会的受容性などの多くの視点から、日本の将来のためにコスト・サイクル政策を熟考して進めていること。

以上のような電気事業者の努力は、逐一ネット上に公表されているので、それが海外諸国の首脳ないし政策担当部門や事業経営者などが原子力の先端技術とマネジメント技能などについて、日本の優位性は変わらないという評価に繋がっているといえます。

従って、万一わが国が上記のような海外諸国の日本への期待を損ねるような、違った政策方針が打ち出されたりすることが、最も大きな国家的損失になると考えられます。

こうした点を踏えて判断しますと、従来の原子力大綱を今大きく変える必要は無いように考えられます。

〔三〕**地球環境問題の解決は、原子力が無ければ成り立たない**

まず第1図すなわち国際エネルギー機関が、取りまとめた二十年後すなわち二〇三〇年時点に予測される世界のエネルギー消費量を、石油にカロリー換算して示したものを出しておきました。

二〇〇六年の世界の合計値が、一一七億トンでこのうち日本は五億トンぐらいですので、全体の五％程度です。もちろんこの中には、原子力も石炭も石油も全て入っておりま す。アメリカが二十％（二十億トン）、中国十六％（十九億トン）、インド五％（五・六億トン)、その他新興国が合計十四%（十六億トン）という状況でした。

それが二〇三〇年には、どうなるのでしょうか。まず現在七十億人である世界の人口はおそらく十億人は増え、八十億人以上になっていることでしょう。同じく第1図の予想では、全体で百七十億トンが必要であり、現在の一・五倍になります。逆に人口が微減している日本は、全体の三%です。これに対し中国は世界一のエネルギー消費大国に成り、世界全体の約四分の一、二十三%で三十九億トンを消費し、アメリカの十五%二十億トンの二倍で、もちろん世界最大のエネルギー消費大国になります。

この時一体地球環境問題は、どのように解決されることになるのでしょうか。放置しておけば、大変なことになるのは間違いありません。多分中国もアメリカも、この温暖化問題に真剣に取り組まざるを得なくなるでしょう。第2図は、このまま放置すると、地球の気温が二一〇〇年頃には、最大四℃上昇するという計算結果を示したものです。そこに示したように、わが国の自然環境への影響は計り知れず、農林水産業はもちろん産業への影響や災害の激増等国土の疲弊が激しく、とても美しい日本などとはいっていられなくなるでしょう。

よって、間違いなくアメリカも中国も、それに世界中がＣＯ２を排出しない原子力発電を必死に求めてくることは、間違いありません。日本を世界中から将来頼りにさせるのは、この一点に尽きます。例えば、今の中国は既存の原子力発電所は、概ね十五基に過ぎませんが多分二〇五〇年には日本の二倍の百基、二一〇〇年には二百基以上の原子力が稼動しているでしょう。そこで、彼らにとって日本が持っている知見やノウハウは、原子力発電の面において最も貴重なものになることは間違いありません。

第3図は、わが国の専門機関が作った電気の発電における電源別のCO_2の排出原単位を比較したものです。最近、石炭やＬＮＧを、原子力を抑制する代わりに使うということが出ていますが、これは単にコストの面からだけでなく、CO_2は石油と同じく大量に発生するという負の面が在るわけです。しかも、原子力分を化石燃料に代替した分のCO_2が増えるだけでなく、そのマイナス分だけ今度はCO_2が増えますので、CO_2の増加量は2倍になるということです。このように原子力を抑制するということは、とてもマイナスが大きいということです。

そこで、二〇三〇年というかなり将来の話ですが、民主党政権下で内閣の「国家戦略室」が二〇一一年（昨年）六月に作成した「エネルギー自給率向上」を目指し「ゼロエミッション電源比率の向上」を求めた第4図があります。

これをご覧いただくと、二つのポイントが気になります。

第一は、一次エネルギーベースで、原子力のウエイトの現状は約十%ですが、これを二〇三〇年には二十四%に持って行く。これが発電電力量ベースでは、現在の二十六%から五十三%に上昇するわけです。そうしないと、日本が世界に約束したCO2の削減は不可能という結果になるわけです。従って、現政権が、原子力発電を脱原発という方針で、限りなくゼロに近づけるなどというのは、とても無理であることが分かります。

しかも第二には、同じく第4図にありますように、太陽光、風力、バイオマス、地熱、水力というような自然ないし再生エネルギー源は、現在は一次エネルギーベースで五%、電源ベースで八%です。それを二〇三〇年には、一次ベースで十一%へ、電源ベースで約二十%にしようというのです。しかしこのためには、日本の設置可能な一千万戸の家屋の屋根にすべて強制的にでもする必要があり、これは新たな投資を伴います。さらに、太陽光発電のためのコストを十年後の二〇二〇年には現在の三分の一、二〇三〇年には六分の一に下げなければ、コストの面で他のエネルギー源に対抗できず、国民の多くが結局は負担増に悩むことになりかねません。第4図を見て、果たしてそういうことが現実的な政策なのか疑問に思えてなりません。

第１図　主要国別世界の一次エネルギー消費実績と予測

- 2030年の世界のエネルギー消費量は2006年の約1.5倍に
- 特にアジアは2006年の約2倍に

世界の一次エネルギー消費量の実績と予測

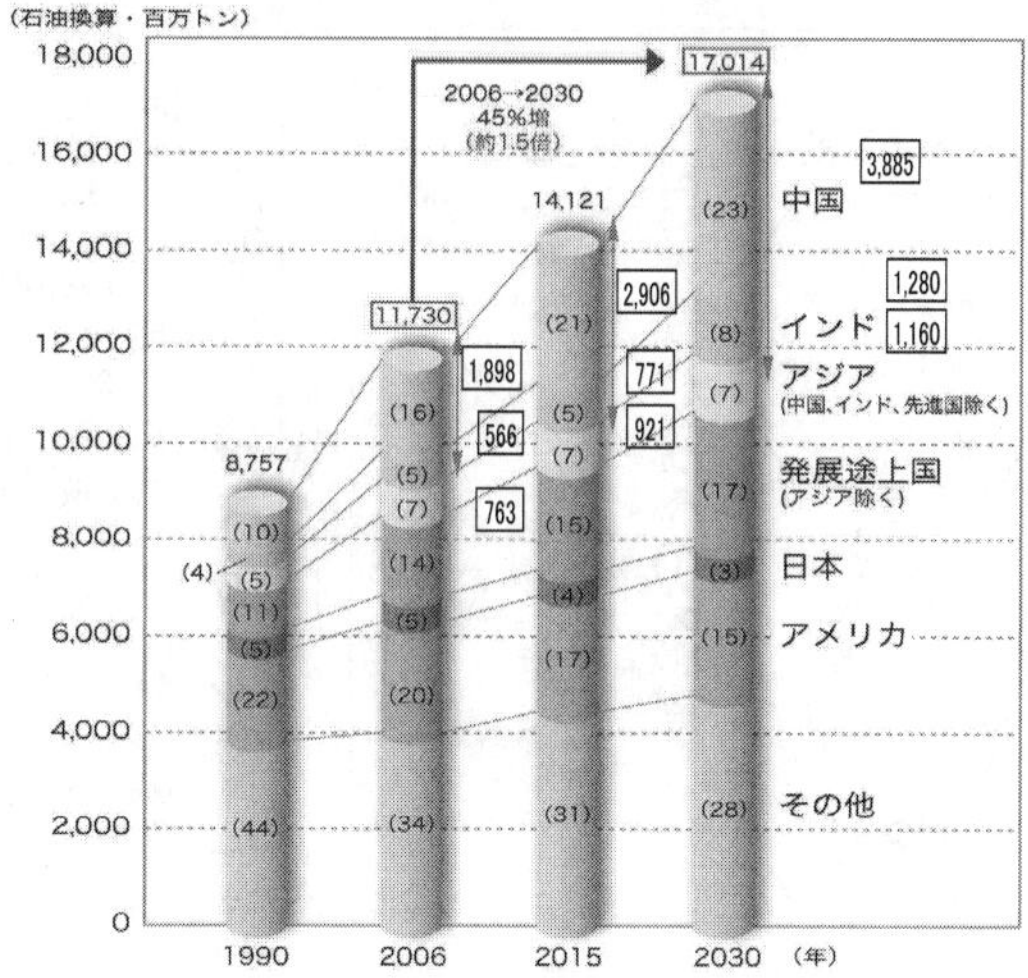

【出典】IEA/World Energy Outlook(2008)

第２図　地球温暖化がもたらす深刻な影響

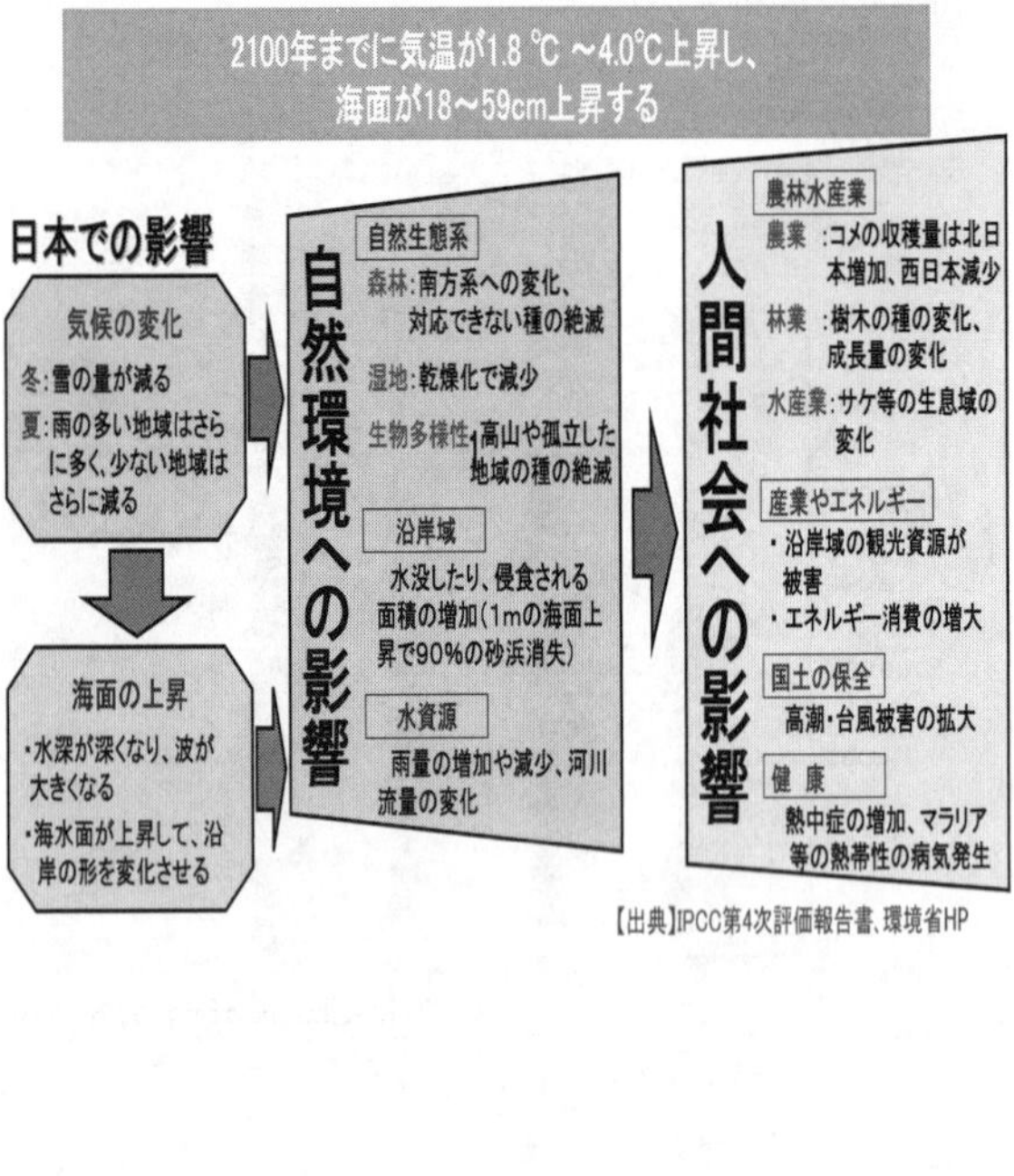
2100年までに気温が1.8 ℃ ～4.0℃上昇し、
海面が18～59cm上昇する
日本での影響
気候の変化
冬:雪の量が減る
夏:雨の多い地域はさらに多く、少ない地域はさらに減る
海面の上昇
・水深が深くなり、波が大きくなる
・海水面が上昇して、沿岸の形を変化させる
自然環境への影響
自然生態系
森林:南方系への変化、対応できない種の絶滅
湿地:乾燥化で減少
生物多様性:高山や孤立した地域の種の絶滅
沿岸域
水没したり、侵食される面積の増加（1mの海面上昇で90%の砂浜消失）
水資源
雨量の増加や減少、河川流量の変化
人間社会への影響
農林水産業
農業　:コメの収穫量は北日本増加、西日本減少
林業　:樹木の種の変化、成長量の変化
水産業:サケ等の生息域の変化
産業やエネルギー
・沿岸域の観光資源が被害
・エネルギー消費の増大
国土の保全
高潮・台風被害の拡大
健　康
熱中症の増加、マラリア等の熱帯性の病気発生

【出典】IPCC第4次評価報告書、環境省HP

第3図　日本の電源別CO_2排出原単位の比較

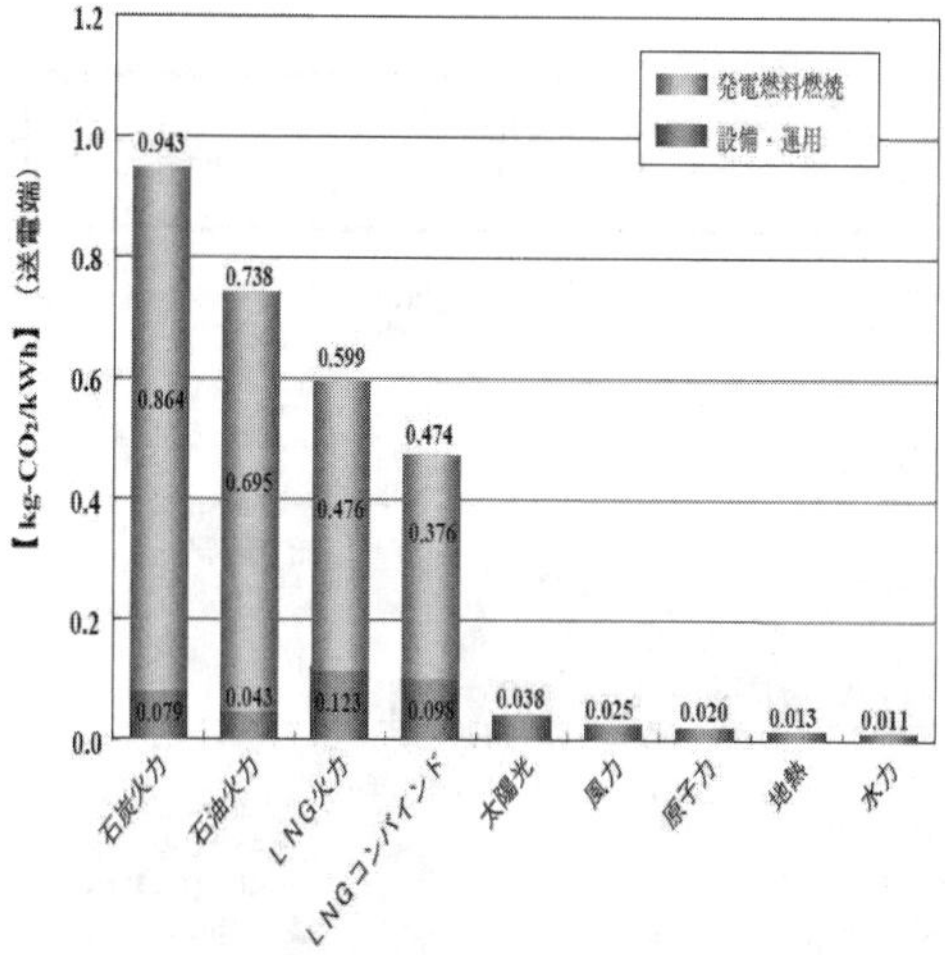

＊発電燃料の燃焼に加え、原料の採掘から諸設備の建設・燃料輸送・精製・運用・保守等のために消費される全てのエネルギーを対象としてCO2 排出量を算出。
＊原子力については、現在計画中の使用済み燃料国内再処理・プルサーマル利用（1回リサイクルを前提）・高レベル放射性廃棄物処分等を含めて算出したBWR（0.019kg-CO2/kWh）とPWR（0.021kg-CO2/kWh）の結果を設備容量に基づき平均。

【出典】電力中央研究所報告書他

第４図　ゼロエミッションのためのエネルギー基本計画

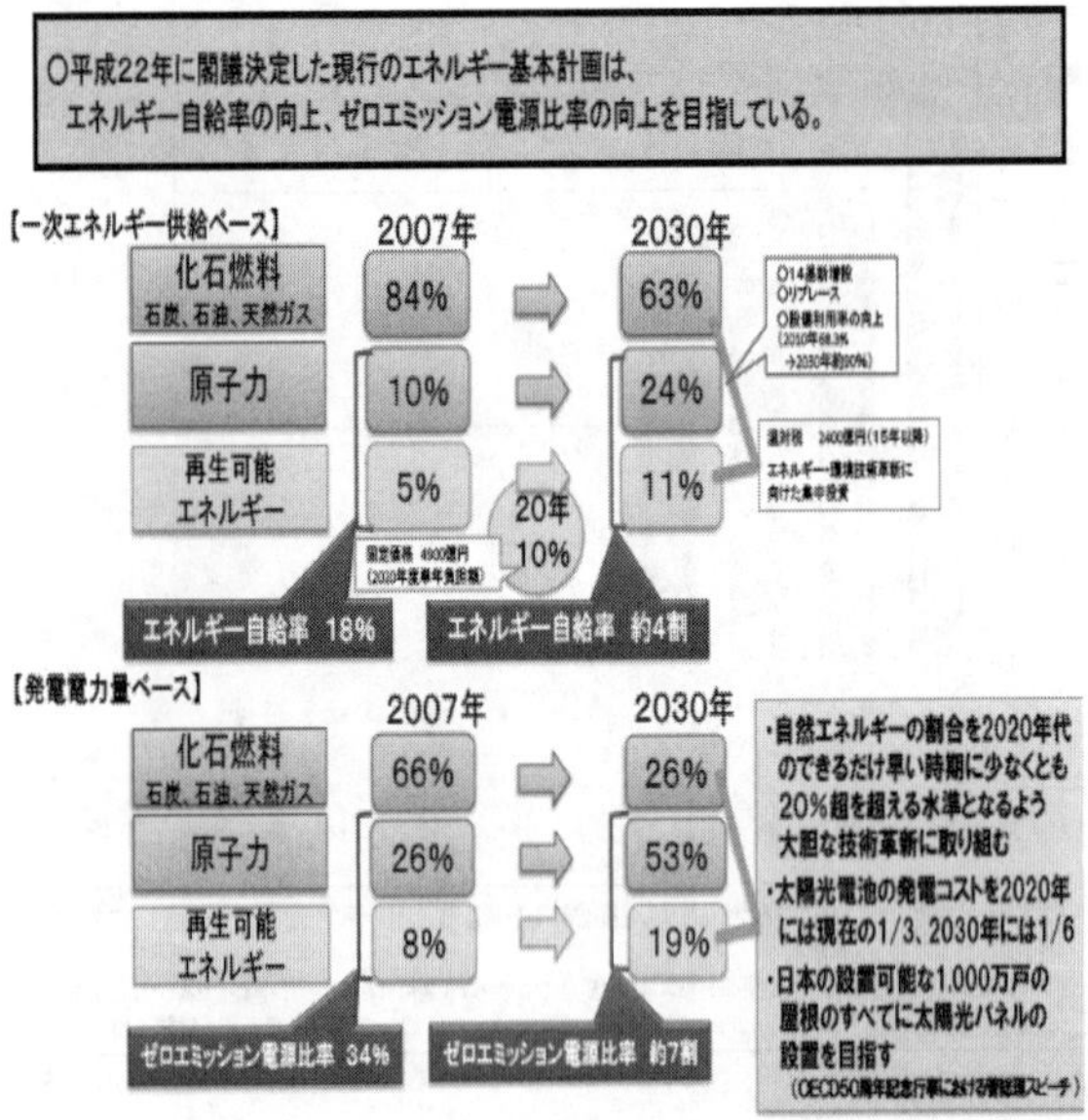

【出典】2011.6革新的エネルギー・環境戦略について（国家戦略室）

第二章　九州地域のエネルギー戦略

これからは地方の時代といわれるのは、前述の通り大変妥当な方向であると考えられます。成熟社会になり、生活の嗜好や風土による住民自治のあり方などが、すでに中央集権的な統制の必要がなくなっているからです。

むしろ外交や防衛などの戦略は別ですが、市場経済を中心としたグローバリゼーションが支配する状況を考えれば、海外市場との結び付きは国境を越えて、地域地方が単独に行うことが可能なようにする条件整備のほうが重要になってまいります。

今回は、九州の賢者が参集して新たなクリーンエネルギー戦略の構築を目指すための、基本的な地方の考え方と方向性を示そうということを考えました。そこで、《九州地域》の状況を参考にして、ここでは話を進めること致しますが、基本はあくまで地域社会の動向という、他地域にも通用する説明になると思います。

〔一〕九州地域の産業構造と輸出依存度

すでに第一編で述べた通り、明治維新の開国期以来、九州は地域地方における電気の発達では東京・大阪・横浜などと同じないし多少早いぐらいの状況でした。このため産業革命の初期においては、九州地方の文化文明度は、かなり全国平均レベルを上回る状況が見られたと思われます。それは、東北や四国や北陸地方などでも、それぞれの地域地方の状況を踏まえて判断する必要があると思われます。従って、ここ九州地域の場合は戦前から九州の産業構造は比較的電気を多様に駆使した商業活動ないし輸送・運輸といった部門が発展し、大型の製造事業を中心とする構造ではなかったといえます。さらに、歴史を遡り検証すれば、西暦二、三世紀の卑弥呼の時代から、中国・朝鮮・東南アジアなどとの交流が、博多湾などを中心に行われており、国際商業都市としての発展がベースにあることも見て取れます。

戦後も、その状況が引き続いており、第5図は全国に比し九州地域の産業構造が、極端に第三次産業に偏っていることを表わしています。もう一つ明言できるのは、第二次大戦の敗戦で全ての海外領土を失ったわが国は、それでも希少資源であった石炭を、何とかして主要産業に押し上げエネルギー産業として育てようという、極端な傾斜生産方式を導入しました。このため、戦後約十数年の間は、石炭が九州の主要産業だったわけです。

しかし、昭和三十五年（一九六〇）ごろから、中東地域からコストの安い石油が産出し始めると、急速に九州の産業は製造事業から撤退していくことになります。統計で見ますと明らかですが、九州の主要産業は製造事業が大きく衰え、サービス事業が中心に発展していくことになります。

そのことは、第1表の地域別の輸出依存度の比較を見ても、製造事業の九州の輸出依存度は、全国に比し平成二年（一九九〇）までは、かなり低いことが分かります。これは、わが国が中央集権的に国土の改造計画を行い、概ね一九九〇年代までに生産から販売までの、国内完結型産業構造の構築を目指したことと一致しております。九州は、商業を中心とした消費需要の中心地に位置づけられていたといえます。

しかしこの状況が崩れるのは、昭和六十年（一九八五）頃からプラザ合意によって米国主導のグローバリゼーションの波が、わが国の製造業を中心とする国内完結型の高度産業構造を許さなくなった頃からです。すなわち、ジャパン・アズ・ナンバーワンという状況が、崩れ始めました。徐々に、特にインターネットとITの発達にも影響されて、労働コストや海外に対し立地条件の悪い事業が、東南アジアや韓国さらには台湾や中国やインドなどに移転して行くことになります。

しかし九州は、むしろアジアに拠点を移す準備段階的な意味をも込めて、自動車や先端産業などが立地を求めて、逆に移転してくることになりました。

それは、九州地域は優秀な新卒の人材を有しており、同時に特に自動車など組み立て産業や先端的事業にとっては、豊富な水資源が期待されたからだともいえます。

さらに新規立地企業にとり、見落としてはならない最も重要なインパクトは、《電気の安定供給》ということであったといえます。特に九州の電気事業は原子力発電のウエイトが高く、新たな産業立地の条件を充たしていたからです。また、第三編でも詳しく説明したように、九州という一つの島の電気の供給が、上手に長い歴史の中で、送電線や配電線の連携が、強固なメッシュ型に形成されていることです。このため、非常に安定的な信頼性の高い周波数や電圧が保たれ、極めて高い電気品質を保証しております。先端産業や自動車産業などの九州進出のポイントはこの点にあったと考えられます。

このことは、上述の第1表に見る平成七年（一九九五）以降の急激な、輸出比率の高まりによって検証されます。平成七年には、概ね全国平均の輸出比率十二・一％となり、平成十二年（二〇〇〇）には十九・一％と全国位置のウエイトになり、さらに平成十七年（二〇〇五）には二十六・五％と突出した状況になっております。第6図は九州と全国平均を比較した相手国別輸出先の動向ですが、当然のことながら、中国や東南アジアのウエイトが、九州地域の場合かなり高いという実績を示しております。

また次の第7図は、九州地域の電源のウエイトを日本全国平均および世界各国の状況と比較して見たものです。フランスを除き、九州地域の原子力のウエイトが、二番目に高いことが分かります。

〔二〕九州地域における再生エネルギーの必要性と限界

上述の通り他の地域に比べて、製造事業の輸出の割合が極めて高いのは、九州経済圏の現在の特徴であります。これは、プラザ合意以降固定的な為替レートの交換体制が自由化された時期と連動しておりますが、わが国は逆に産業構造が生産から販売までの国内完結型になった時期でありました。

それは、第1表に見たように石炭産業が九州から撤退した後、主な製造事業が九州には配置されるメリットがなくなり、製造事業の輸出ウエイトが極端に減少したことに現れております。

ところが、世の中が為替の取引も自由化し冷戦構造も徐々に無くなってくると、自動車や家電産業や大型機器メーカーなどは、中国・台湾・東南アジアなどを対象とした海外取

第５図　わが国産業構造の比較

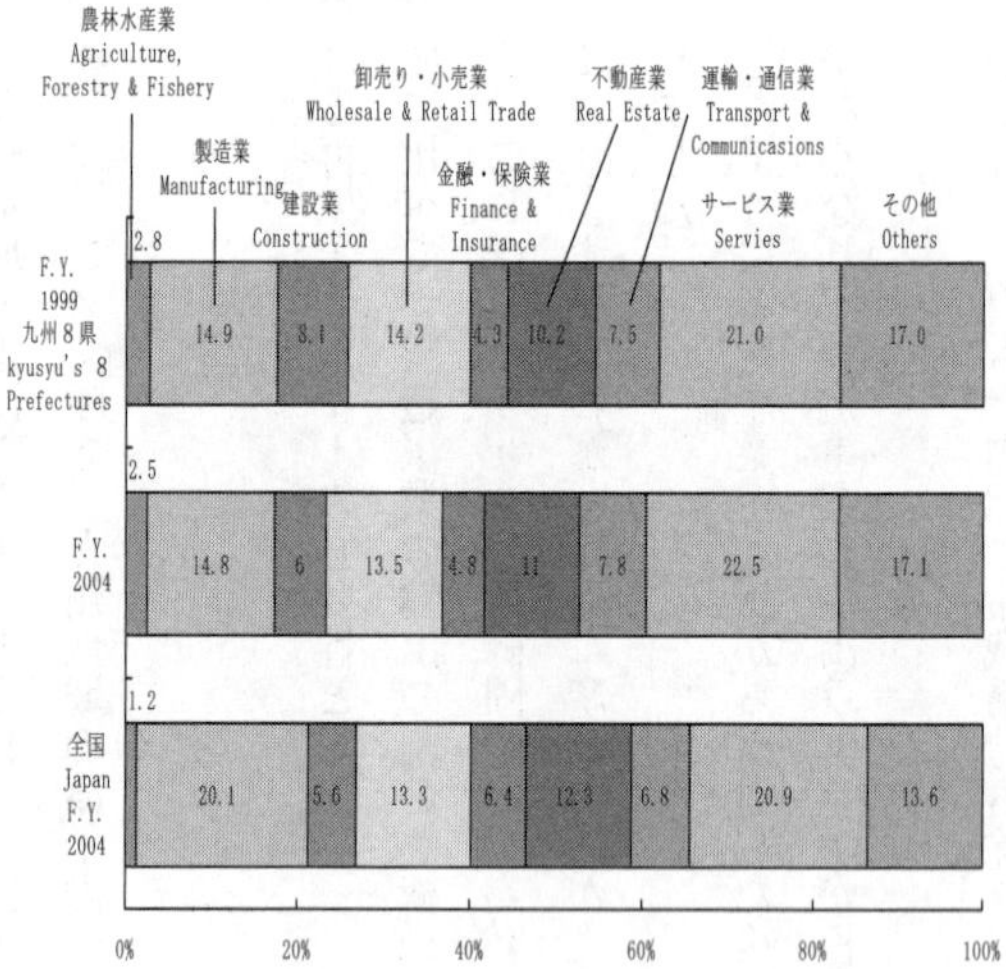
農林水産業
Agriculture,
Forestry & Fishery
卸売り・小売業
Wholesale & Retail Trade
不動産業
Real Estate
運輸・通信業
Transport &
Communicasions
製造業
Manufacturing
建設業
Construction
金融・保険業
Finance &
Insurance
サービス業
Servies
その他
Others
F.Y.
1999
九州８県
kyusyu's 8
Prefectures
2.8
14.9
8.1
14.2
4.3
10.2
7.5
21.0
17.0
F.Y.
2004
2.5
14.8
6
13.5
4.8
11
7.8
22.5
17.1
全国
Japan
F.Y.
2004
1.2
20.1
5.6
13.3
6.4
12.3
6.8
20.9
13.6
0%
20%
40%
60%
80%
100%

内閣府「県民経済計算年報」

第１表　製造事業における地域別輸出割合の比較

o九州における製造業の輸出比率は1995年より急激に上昇し、2005年には26.5%と、全国の地域の中で最も高い。

地域別輸出比率の推移（製造業）

（単位　%）

	北海道	東北	関東	中部	近畿	中国	四国	九州	沖縄	全国
1985	2.1	8.8	14.8	15.2	13.2	12.0	12.4	8.5	3.1	13.3
1990	1.4	8.4	11.2	14.3	10.5	9.8	7.8	8.6	8.3	10.9
1995	2.5	8.1	12.6	14.9	10.8	11.8	12.2	12.1	13.8	12.1
2000	3.0	13.2	14.8	17.6	14.7	13.9	15.0	19.0	5.4	15.2
2005	3.1	16.3	17.1	20.9	17.4	17.9	17.6	26.5	3.5	18.4

第6図　九州と全国の輸出相手地域の割合比較

o 1990年代前半に、豊富な労働力を求め、電力を大量に消費する自動車工場など大規模事業所が立地したことにより、輸出比率が上昇(2005年の輸出額上位業種:①乗用車②電子部品③鉄鋼)

o 近年は中国を始めとするアジア向けの輸出が増加しており、九州からの輸出の6割近くを占めている。

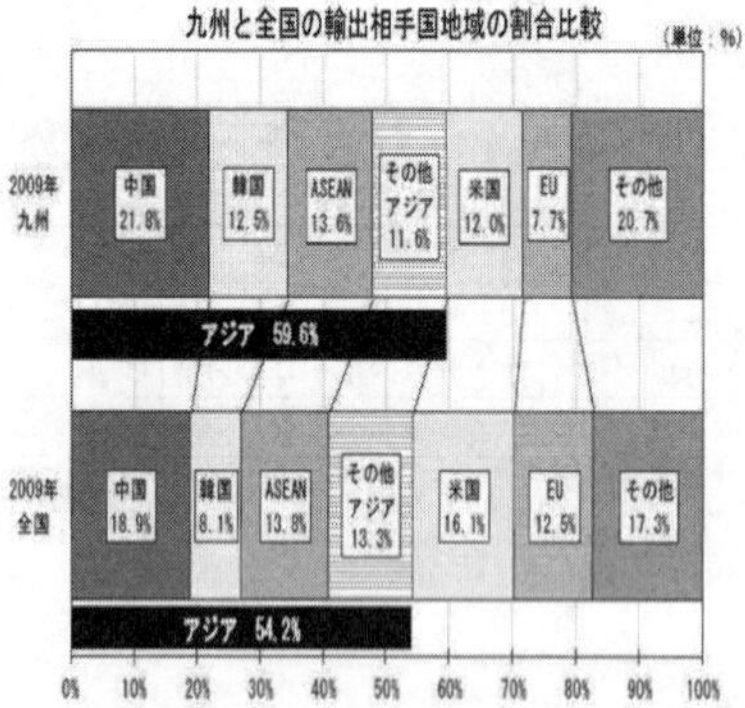

第７図　電源別発電割合の各国比較

(1)九州地域の特性と大きな原子力依存度

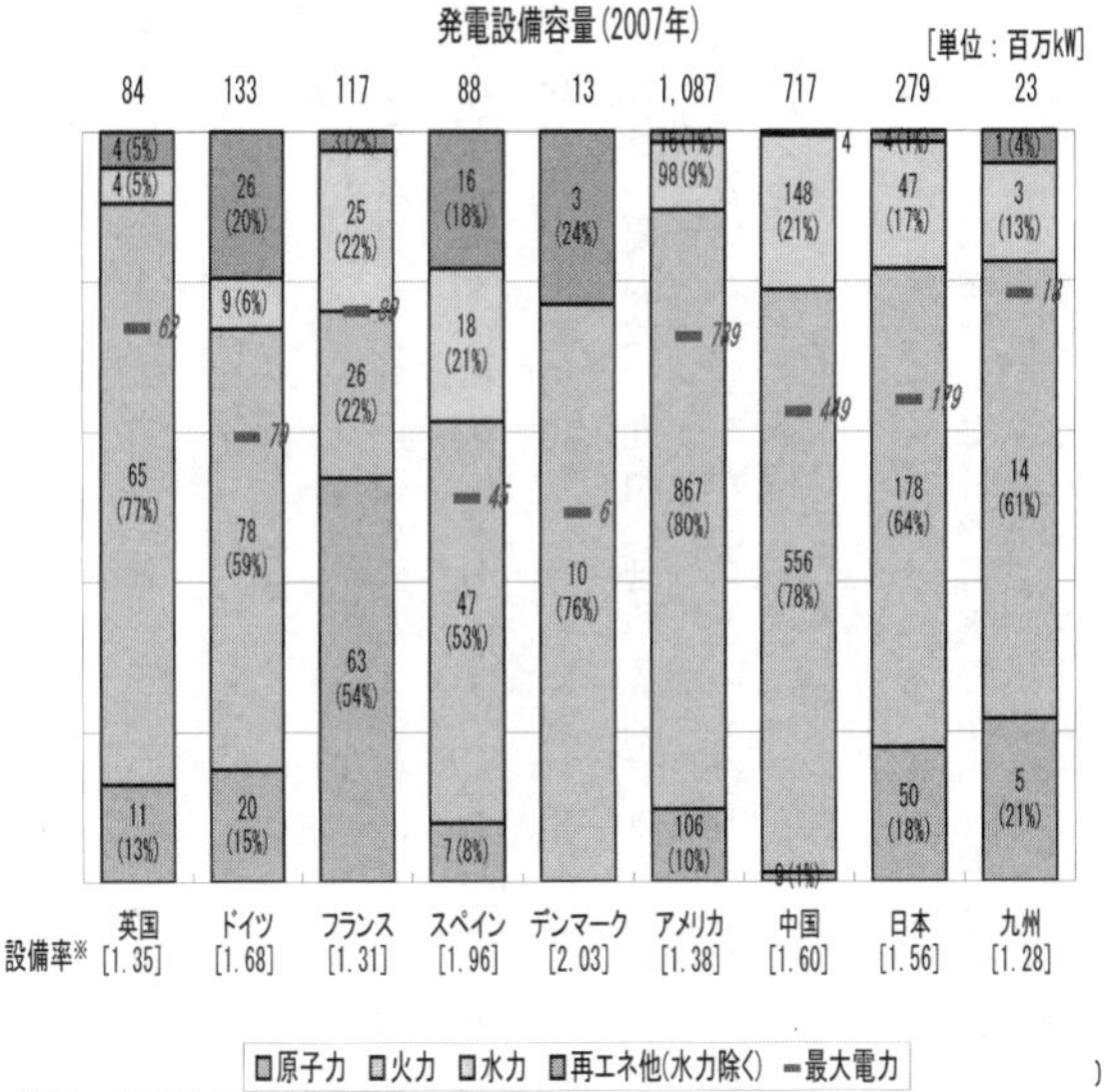

※設備率＝発電設備容量÷最大電力

【出典】海外電気事業統計他

引に有利な九州に、逆に立地を求め始めました。同じ第1表で見るとおり、五年後の平成七年（一九九五）には製造事業の輸出ウエイトが全国平均値の十二・一％と同じ比率まで回復しております。さらに五年後の平成十二年（二〇〇〇）には、全国一位の十九％へまたさらに五年後の平成十七年（二〇〇五）には、九州の輸出全体の四分の一に近い二十六・五％に急増しました。

優秀な若手人材、豊かな水資源、適正な立地と、さらにすそ野の広さが期待できる匠の技術を持った中小企業など、種々の原因はあります。もちろん、九州の各県自治体が、産業立地を計画的に立てながら大企業の誘致に熱心に取り組んできたことも、重要な要因です。しかしさらに最も大きい要因は、九州には第7図で見るように原子力発電に支えられた、良質安定的なコストの安い《電気》があるという企業経営者の安心感が、製造事業の具体的な立地促進の決め手となったというのは、間違いなく最大要因だったと思われます。

第8図は、現在の九州地域における毎日の電気の使われ方に対し、どのような電源が使われているかを示した説明図ですが、これはコストの安い順に積み上げてみた図です。ご覧の通り、全体の概ね三分の一を賄う原子力発電が最も安くベースになっています。それ

は、原子力がフルに稼動していることで、一般の工場でもそうですが、稼働率（工場の操業率と同じ意味）が高ければ、当然コストは安くなります。後で出てきますが、太陽光発電などはその稼働率が、どんなに頑張っても二十％以下ですから、原子力発電の八十パーセント以上と比較すれば当然発電コストは高くなるわけです。

もちろん、CO2を発生しないことが安いコストと共に、原子力発電が重要視される重大な理由です。

同じく第8図に見るとおり、石炭を燃料とした火力発電所が次のベース電源として利用されています。但し、CO2を発生しますので、稼働率は高いのですが、なかなかクリーンエネルギー源として推奨されるというわけには行きません。福島原子力の事故以来、九州の原子力発電所も定期検査が終了したのにも拘わらず、一層厳しい事故安全対策（ストレステスト）をすべしと国が命令し、強制的に停止させられております。そこで、コストの高い石炭火力やさらに電気を沢山みんなが使うときにだけ、本来なら利用するLNG（天然ガス）や石油を使用する発電コストの高い発電所を、現在は止むを得ず原子力発電の代替として使用しております。このため、原子力発電の強制停止によって高コストの石炭やLNGを使用せざるを得なくなっています。九州電力の費用負担額は一日六億円だというのです。このコスト増は、結局は九州の住民が負担することになるのです。

そこで政府は最近盛んに、原子力よりもCO2排出量の少ない自然エネルギーないし再生可能エネルギーを導入すべしと述べております。良く出るのが、第二編と第三編で取り上げたデンマークやノルウエーなど北欧の国々とドイツの事例です。しかしすでに触れたように、全く条件の異なる点を正確に国民に伝えるべきです。あたかもわが国が、今まで努力を怠ってきたような間違った情報を、発信していることは問題です。日本と欧州では、前提条件がかなり異なることを十分に説明する必要があります。

最大の条件の違いは、使う電気の量の大きさの違いです。先の第7図をご覧頂ければ分かるとおり、例えば北欧のデンマークは再生エネルギー（主に風力）の割合が、電気供給全体の二十四％と約四分の一にもなるといわれます。しかし、アンデルセンの童話で有名なデンマークという国は、人口も僅か五百五十万人と少ないからでしょうが、電気の設備が二億八千万KWの日本に対し、約二十分の一の千三百万KWです。九州電力の半分です。また再生エネルギーが全体の二十％と多いといわれるドイツは、全体の規模は日本の二分の一です。

第9図は、先ほどの第7図に出てくる国々の再生エネルギーを利用した場合について、

電気料金として比較したものですが、デンマークはKWH当たり四十円以上、ドイツも三十円以上の高い価格で発電していることが、明確に検証されております。

それにもう一つ重要なのは、国土条件の違いです。二つのことを指摘しておきましょう。

まず、デンマークの場合、常に平坦な土地が連なり、しかも年間を通して偏西風が吹き、日本のように台風、地震・津波、雷など影響が殆ど無いということです。

第二には、ヨーロッパ大陸という国土条件すなわち地勢の違いが、そっくり送電網の特徴を形成しており、日本とは全く異なる安定的な電力系統が、自然に出来上がっているという点です。しかも、EUという共通の大地域統合が進んでいることが挙げられます。こうした姿に加えて、ある意味で「恒常的」になっているのは、ヨーロッパの国々の間で電気の輸入と輸出が頻繁に行われているからです。極端な事例は、フランスの電力会社からドイツの電力会社が、大量に原子力発電の電気を購入しているという事実です。おそらくドイツが使用する全体の電気の一割以上を購入しております。

第三編第一章の「図1―3」を参考に見て頂ければと思いますが、その違いを特徴的に顕したものです。すなわちEU地域は「メッシュ（網の目状）」に、完全ループの送電線が張られ連携しております。

すでに第三編で説明したように、仮に大きなウエイトを占める風力発電が、天候不良などで止まり、あるいは逆に大量に風力発電が稼動し、思わぬ電気が送電線に入り込んできた場合には、他の国々とも即座に連携融通して、思わぬ事態を吸収調整出来るようになっています。

これに対しわが国の場合は、細長い約二千キロメートルにも及ぶ日本列島ですから、送電網も「串型状」に出来上がっており、それぞれの地域間ではメッシュ状のループ式送電網は、元々作れないという国土条件の違いを明確に示さなければなりません。従って、わが国の場合は、再生エネルギーの発電が、万一にも時折大量に流れた場合の対応策は、発電から送電線運用まで統一して電力会社が責任を持って処理する形態がベストなのです。

それは、電力会社が新規参入者の参入を阻んでいるので、送電網の管理を独立させなければならないという発想とは、結び付かないことです。日本においては、クリーンエネルギー形成のために、スマートグリッドを形成することは大いに必要であっても、送電網を分離しなければならないという理由はどこにも見出せません。

むしろ、わが国の場合は、電力を売り買いするメリットよりも、国民全体の必需品である電気を公益事業として、それこそ水と同様に平等に供給していくという目的達成の方がもっと重要であり、それが大きな国家的ないし国民的なメリットであると考える必要があるのではないでしょうか。むしろ、各電力会社に地域ごとの系統内で、安定供給に努める工夫をしてもらう必要があります。その上で、原子力発電を基軸に自然エネルギーの導入は、セキュリティと公平な電気利用の国民的利益を守るため、わが国においては限界があることを、国民が理解する努力を電力会社はもちろん、政府にも協力してもらって、地域の方々と共に進めていく必要があると思います。

以上のことを検証するため、参考までに若干のデーターを示しておきたいと思います。まず第10図は、太陽光発電と風力発電の一日間の出力変動モデルです。先ほどの第8図が九州電力地域の一日の概ね電気の需要状況ですが、これに対しこの第11図は太陽光も風力も時間帯ごとに、大きな出力の変動を生じる可能性が極めて高いということです。このように、自然ないし再生エネルギーの電気出力が不安定であるといわざるを得ません。従って、今の政府の方針では、原子力のような安定電源を止めて、一千万KWも自然ないし再生エネルギーを導入しようとしておりますが、電気はそれこそ消費者の一瞬の命令によって使われるエネルギーですから、需給バランスを崩す恐れが大きいのです。電気の品質という意味は、一般的には周波数が安定しているかどうかということで判断します。もし、大きく周波数が変動すると、工場のモーターの回転が一気に狂い出します。モーターの回転が変わると、製品のラインが不良品を生産し出すことになります。さらにはＩＴの精密機械が故障したりするでしょう。大変な影響です。

また第2表は、原子力発電を作った場合の投資額や必要な用地面積と、風力や太陽光発電の場合とを比較したもののモデルです。ご覧のように、風力発電の場合、二千ＫＷ出力の最新発電機を、百万ＫＷの原子力発電所の代替として造るとすれば、約二千基が必要です。そのための敷地は、原子力が福岡ドームの六個分（〇・四四平方ＫＭ）に対し、約五百倍のドーム三千個分（二百十四平方ＫＭ）が必要となります。投資額は、原子力発電の三千五百億円に対し、約三倍の一兆二千億円掛かります。また、太陽光発電ですと、ご覧の通り、投資額が約十倍の三兆円以上に膨らみます。

従って、最近政府が福島原子力の事故後、廃炉費用や損害賠償費用を全て加算して計算したとしても、第11図の通りまだ自然ないし再生エネルギーよりも、原子力発電のほうが安いということを発表しています。

私どもは、決して自然ないし再生エネルギーを利用した電気の生産が必要ないなどと述べているわけでは決してありません。第12図に見るように、地球温暖化防止のためには、大変重要な施策であると思います。しかし、以上述べたようにこれだけの費用を賭けるというほどの、効果があるだろうかということを、もっと冷静に真剣に考えて見る必要があります。脱原発ということは、上述の自然ないし再生エネルギーコストなどの比較で明確な通り、少なくとも真のコストで十倍以上の国民負担に跳ね返ってくることを、本当に行うなら明確に根拠を示して国民の覚悟を求めるべきではないでしょうか。技術革新で、将来コストは低減していくということは、相当に先の話であると思います。現実の政策とは、全く結び付いていないのではないでしょうか。現に、自然ないし再生エネルギーによる発電の買い取りを電力会社に義務付ける実際の行動が始まっております。歴史の事実を無視してこのまま進めば、国民は、そうしたものすごいコスト負担を受け入れざるを得なくなりつつあるということになります。

第8図　九州地域の電気供給のための発電の組み合せ概念図

ベース電源としての原子力発電 (需要曲線と電源の組み合わせ)

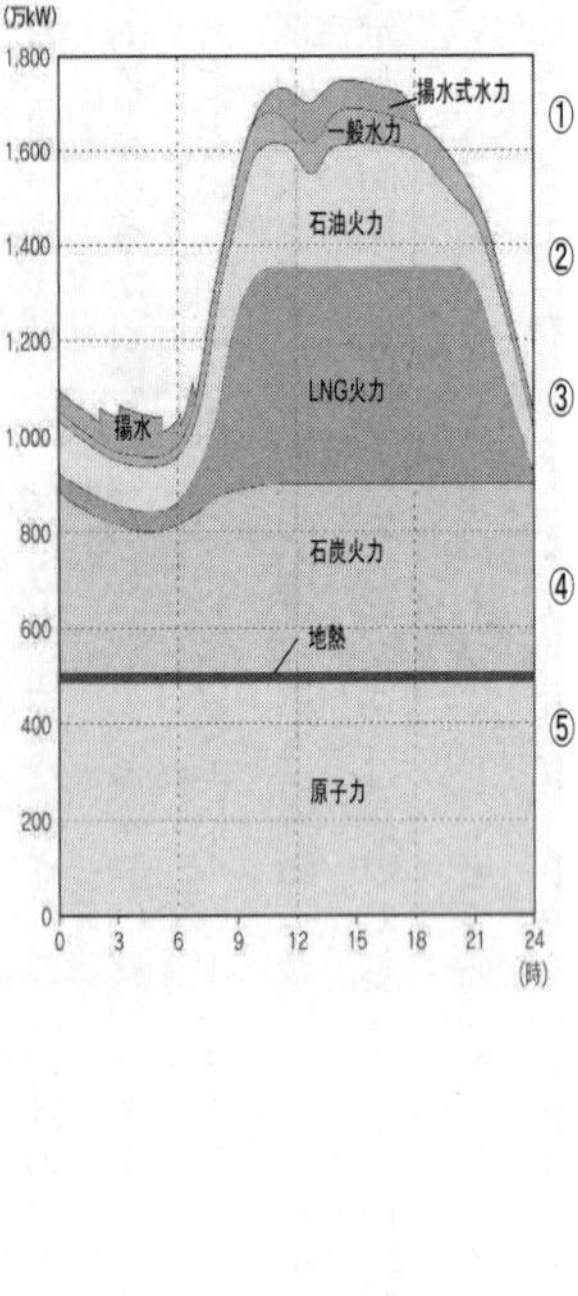

① 原子力
ベース電源として終日フル出力で一定運用

② 一般水力・地熱
ベース電源として有効活用

③ 石　炭
原子力についで安価であることから、ベース電源として終日フル出力で運用

④ LNG、石油
ピーク供給力として需要の変動に応じて運用

⑤ 揚水発電
夜間に揚水し、昼間のピーク供給力として電力需要の変化に応じて運用

第9図　再生可能エネルギー電気料金比較

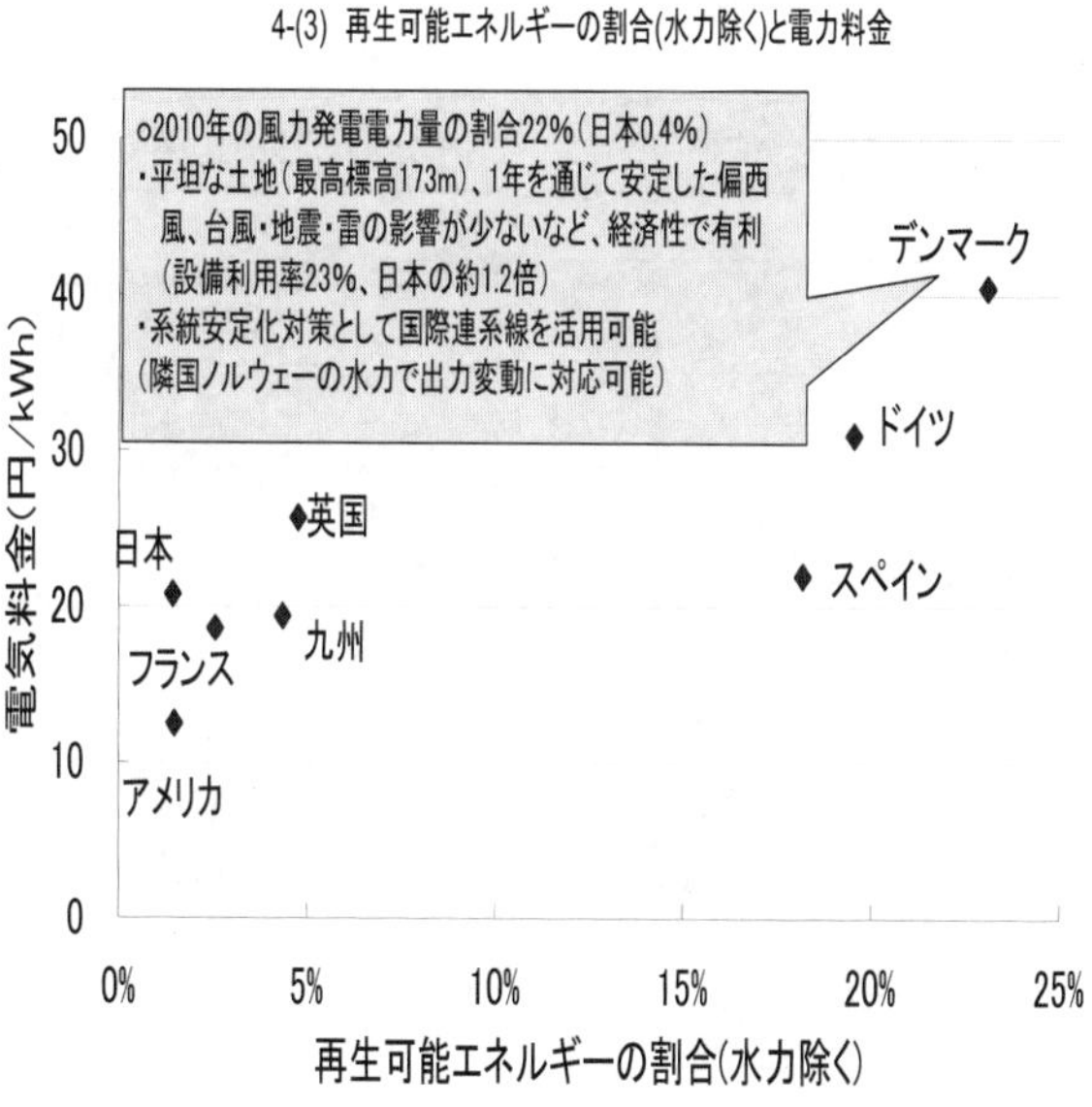
4-(3) 再生可能エネルギーの割合(水力除く)と電力料金
o2010年の風力発電電力量の割合22%(日本0.4%)
・平坦な土地(最高標高173m)、1年を通じて安定した偏西風、台風・地震・雷の影響が少ないなど、経済性で有利
(設備利用率23%、日本の約1.2倍)
・系統安定化対策として国際連系線を活用可能
(隣国ノルウェーの水力で出力変動に対応可能)
デンマーク
ドイツ
スペイン
英国
日本
九州
フランス
アメリカ
電気料金(円/kWh)
0
10
20
30
40
50
0%
5%
10%
15%
20%
25%
再生可能エネルギーの割合(水力除く)

第10図　太陽光発電と風力発電の出力変動状況概念図

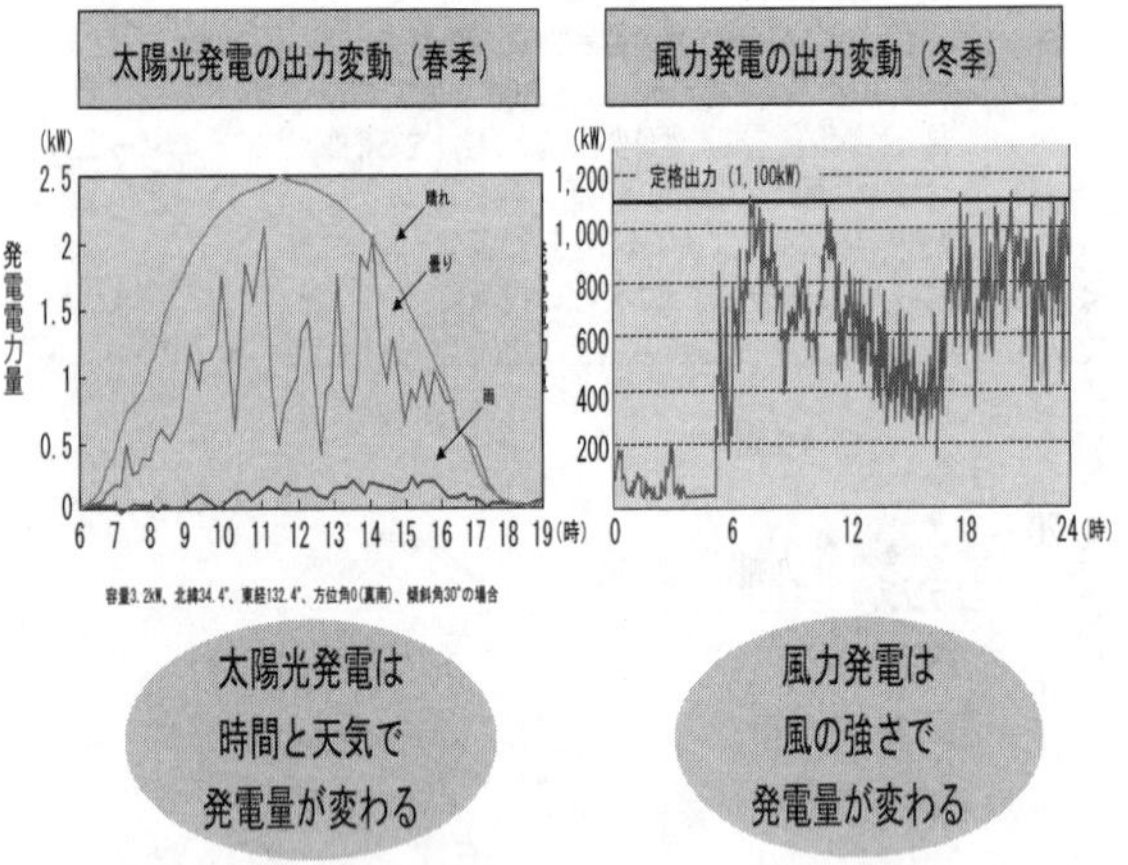

太陽光・風力発電は、発電出力が不安定なことから、大量導入時には需給バランスや電力品質（周波数）に影響を与える恐れ。

【出典】原子力エネルギー図面集2011（電気事業連合会）

第2表　原子力、風力、太陽光、各発電の実態比較
概念表

発電設備	原子力発電	風力発電	太陽光発電(住宅用)
1基あたりの設備容量	100万kW	2,000kW	4kW
利用率	80%	20%	12%
1基あたりの年間発電量	70億kWh	350万kWh	0.42万kWh
1基あたりの設備投資額	3,500億円 (35万円/kW)	5～6億円 (25～30万円/kW)	192～220万円 (48～55万円/kW)
100万kW原子力発電所1基分の電力量を代替する場合			
必要な出力(基数)	100万kW(1基)	400万kW(2,000基)	670万kW(170万基)
必要な投資額	3,500億円	1～1.2兆円	3.2～3.7兆円
必要な敷地面積	約0.44km^2 ※ 福岡ドーム 約6個分	約214km^2 福岡ドーム 約3,000個分	約58km^2 福岡ドーム 約800個分

※玄海及び川内原子力発電所の100万kW当たりの面積(平均値)
(玄海原子力発電所:0.87km^2、347.8万kW　川内原子力発電所:1.45km^2、178万kW　福岡ドーム:0.07km^2)

【出典】日本のエネルギー2009(資源エネルギー庁)
第１回低炭素電力供給システム研究会資料（平成20年７月）
第３・４回コスト等検証委員会資料（平成23年11月）

第11図　3.11後の政府試算による電源別発電コスト比較図

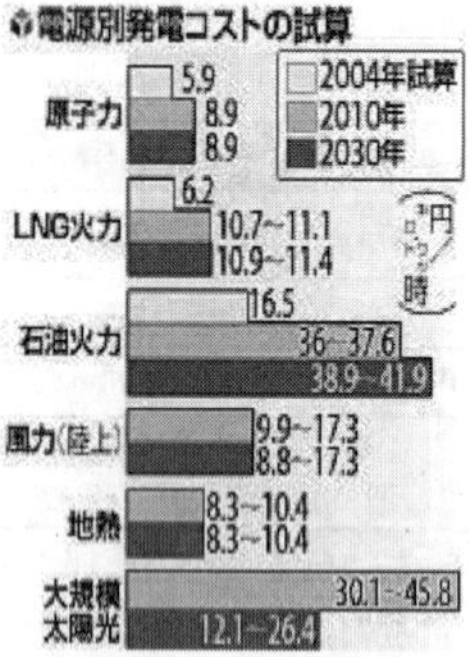

【出典】2011. 12. 14 読売新聞

o 政府のエネルギー・環境会議のコスト等検証委員会は、2011年12月13日に電源別発電コストの試算結果を発表。

・原子力発電に福島第一原子力発電所の事故に伴う廃炉や賠償費用を盛り込んだ場合でも、火力発電より依然低い。

・火力発電は燃料価格の上昇が見込まれるほか、地球温暖化対策の費用もかさむため、発電コストは今後も増えると予想。細野原発相は、「外交上の懸案によってエネルギー供給が妨げられない配慮も必要だ」と述べ、バランスの取れた電源構成の重要性を指摘。

第12図　わが国の太陽光発電及び風力発電の導入状況

地球温暖化への対応、国産エネルギー活用の観点から、再生可能エネルギーの積極的な開発・導入拡大を進めます。

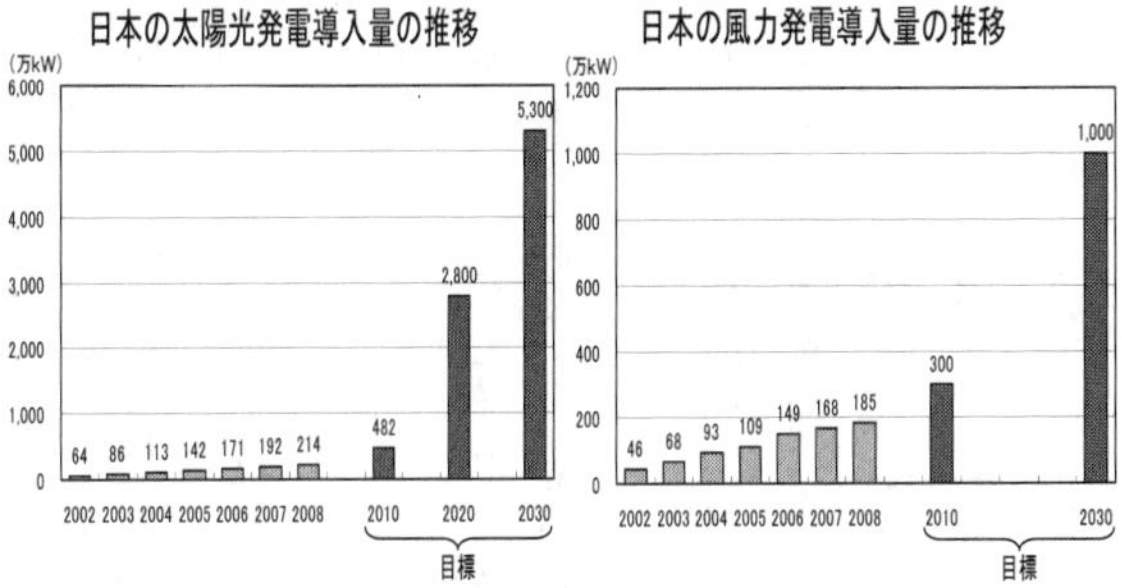

現行のエネルギー基本計画における再生可能エネルギー導入目標量（太陽光：5,300万kW、風力1,000万kW〔2030年〕）は、現在の普及状況から考えると、極めて意欲的な目標

第三章　格差と貧困を無くすエネルギー政策

ここでは、わが国が電気文明をこの国を造る基本に据えて、明治以来百三十年間に亘って営々と築いてきた「電気」活用の歴史を踏まえて、新たな時代に対応して行く必要が在ることを説明します。

説明のポイントは、次の三点です。

第一に、電気文明の力を今後もずっと《公益的》に使う工夫をし続けることの必要性です。それは、国民生活レベルの格差を無くすことと、貧困を克服する手段として重要だからです。

したがって、電気の利用を人間の趣味趣向のみに向かわせたりするような、バーチャルな、或いはギャンブルに繋がるような情報先端ソフトの発展が独ぜん的に進むことは、《電気利用の正道》に外れるのではないかという心配があります。

第二に、人類全体に貢献するために日本人が、電気の使用について歴史的な経験を一層生かしていくことです。具体的には、地球環境に最も役立つ原子力発電を維持発展させ、日本人の匠の技術とマネージメントの力を、新興国はもちろん世界各国に提供していく必要があります。いうまでもなく、自然ないし再生エネルギーの利用を上手に組み合わせるスマートグリッドの活用も、出来れば日本の技術を世界中に標準化する必要があるでしょう。

第三に、電気は節約するのではなく、寧ろ工夫して使うという価値観が必要です。学者の中などには、これ以上電気を含めエネルギーを使うのは地球の破滅に結び付くので、今から節約する工夫が必要だという人が居ります。もちろん省エネルギーといわれる工夫は、益々重要です。しかしながら、節約することを目的にするのは問題です。省エネルギーの工夫をしながら、逆に電気を必要なだけ使える世の中にすることが肝要です。節約するだけでは、決して貧困は無くならないでしょう。

〔一〕電気の公益的利用の拡大
―電気が支える明るい地域社会の重要性

第一編の冒頭に、今から百三十年前、欧米文明を素早く取り入れたわが国が《電気》を灯りとして活用する快挙を成し遂げたことが、如何にこの国の素晴らしい近代的発展発達を可能にしたかを説明しました。しかも、最初は地方地域が開発の先陣を切ったのです。

電気は、灯りから企業生産の道具である動力源となり、さらに通信手段になり、最近ではより一層の確実な情報手段に活用され、また最も必要な冷暖房など生活の手段、交通運輸手段に満遍なく利用され出しました。

こうした状況を一まとめに述べれば、今では電気は人間の代わりをする自動機械すなわちロボットの電源として、あらゆる方面に活用されているということではないでしょうか。いってみれば、今や私ども日本人の個人的生活だけでなく、事業経営はもちろん政府や地方自治体の行政活動にも、電気が無ければ全く進まない状況だといっても良いでしょう。

だから、当初高級品として「灯り」に使用された電気が、百三十年を経た今、間違いなく民主主義国家日本の屋台骨を支えているといってもよいぐらいです。正に空気や水と同じく、電気は一種の公共財なのです。

ところが、民主主義国家日本は冷戦崩壊後、一層グローバル化する世の中で金融資本の運用を中心に、市場経済競争が進む状況下においては、他の国々と同様に経済的勝者と敗者が明確に現れるため、貧富の格差が格段に広がっていくのが常態となっています。

このためにも電力会社としては、国民が使用する電気の公益的利用の拡大に資する対応が、益々必要になっていると思います。電力会社が環境にやさしいクリーンかつ低廉な価格の原子力の利用を最優先に進め、同時に可能な範囲で自然ないし再生可能なエネルギーの開発に努めることは、もちろん重要な選択であります。そのための電力会社の風土改革や経営努力はいうまでもありません。

〔二〕スマートグリッド（賢い送電線）は事業一貫体制でのみ可能

これもすでに第三編で詳しく述べましたが、自然ないし再生可能エネルギーが生む電気を推進するために、現在の電気事業体制まで解体分離しなければならないという、抽象的かつ情緒的な議論が何となく尤もな意見として、世論受けをしています。

普段の日用品等を私たちが購入する場合を考えて貰えば、明らかなように、消費者が特定な商品を購入する場合は、その商品を使う効用と品質それに価格などを総合勘案して、購入を決定します。

電気の利用も同じです。ただ完全に違うのは、購入のスピードの違いです。電気を購入する場合は、購入者の意思決定と同時に、生産者の電力会社がそれに応じて一瞬のうちに電気をお届けし、それがまた一瞬のうちに何に使うかが決定され、あらゆるお客さんの要望を充たすことが無ければ、電気は使えないということです。お客さんに「電気を使う」と要請されると、それは送電線を通じて、電力会社の中では発電所に発電せよと命令します。瞬時に命令し、逆に電気は送電線を通じてお客さんに送られます。この瞬間的な責任を持てるのは、誰が考えても切り離しては守られないと思わない方がおかしいのではないでしょうか。何しろ、電気の生産から消費までのスピードは地球を一秒間に七回り半する速さです。従って、今述べたように瞬時に商品である電気の生産者も、それを運ぶ送電者も、さらに細かくいえばそれぞれの用途に配分する配電者（これを第四編では「用電」と呼ぶ考え方を新たに示しております）までも、同じ責任体制が無ければ、目的が十分には達せられないということになります。

送電者を分割しないと、スマートグリッドすなわち賢い送電線に成らず、自然ないし再生可能エネルギーを電気として使用するのに、支障が生じるというのは一体どういうことなのか、何故今の電力事業の一貫体制だと不都合が発生するのかが疑問だというのが、私たちの主張であります。第二編でも第三編でも欧米の現状を参考にしながら、実証的に発送電分離の意味合いがないことを述べたところです。

改めて、私どもは賢い送電線の運用こそは、一般の商品コモディティーとは全く違って、生産者から電気商品の配達者まで一貫して、責任を持って一体的に行うことの重要性を強調しておきます。

〔三〕不経済な節約オンリーの価値観

「節約」という言葉は、私たち日本人にとって大変重要な価値観であることは、いうまでもありません。《昔から武士は食わねどたかようじ》とか《清貧に甘んず》という、儒教の精神を戴した言葉があるのは、その証左であるといえます。しかし、これは日本人が貧困に喘がざるを得なかった時代の、リーダーたちに対する正に教訓でありました。

これに対し、文明を謳歌し成熟社会に達した現在の国民に、昔に帰れと単純にいうのは簡単ですが、実際には全く受け入れられないことではないでしょうか。

むしろ、国家の財源が乏しくなり、年金や福祉や医療に関する弱者や高齢者への予算配分さえままならない状態のもとで、それを念頭に考えなければなりません。こうした現状では、むしろ底辺の方々の生活をどう改善していくかという政策を、展開することこそ必要なところです。

こうしたセーフティネットの中に、是非電気を存分に利用した手段を、目的に応じて多用し、節約する必要の無い暖かい社会の実現を目指すことこそ、寧ろ必要ではないでしょうか。

電気を暗くして、いわゆる《節電》する運動が今も勧められております。三・一一の津波と地震で、関東地方の殆どの発電所が停止し、一時、計画停電が行われました。それ以来、例えば電力会社はもちろん、官庁や公共の場所での電灯電気は極端に消したり明かりを落とすなどして、懸命に節電が行われています。

一時的にそうしたことが、止むを得ず行われたことはありました。しかし、その必要が無くなったのに、それを常態として義務付けるのにどれほどのメリットがあるのでしょうか。非常時に備えることは重要です。そのことと、社会を依然として暗くし、それを常態とするのは経済の停滞を象徴するようなものです。

日本人の姿勢とか思想を、新興国の人たちを含めて立派な国だと学ぶ手本にするところが、かなり多いようです。例えば、《おしん》の映画は、中国でもまた最近はアフリカのエジプトやトルコなどでも、大変な人気があるといいます。

しかしそれは、彼らが立ち上がろうとする時のことであって、成熟社会の後始末には役立ちません。むしろ、貧困層や高齢者の住宅を電化したり、パソコンのサイトを高齢者向けに、単に食品や日用品の紹介だけでなく、もっと幅広く活用し得るものにするとか、高齢者用の電化輸送手段を幅広く開発するというように、電気を節約せずにもっと利用するという価値観が必要です。

もちろん、そのための基本に、クリーンエネルギーの戦略構想としての原子力をも重要視した国家ビジョンが必要であることは、いうまでもありません。

あとがき

本書の中で、私どもは若干の経済活動に関する一定の論理の必要を痛感し、それを持ち出して正論を導こうとしております。一つは、第一編で取り上げた資本主義の下では必ず発生する自由市場経済の欠陥をどう補完するかということであり、もう一つは、第二編における電気の経済論であります。いずれも、グローバルな貨幣と金融のビジネスがＩＴによる混合市場の中で、ゲーム的に展開されて、不安定な世の中にならないようにすることのポイントは何かを説明したかったからです。経済社会秩序の維持のためには、長い歴史を経て特定の国の中で伝統的に工夫し維持されてきたしきたりは壊さず、むしろ新しいものを上手に取り込むかに知恵を絞るべきだというのが、私どもの結論です。特に、電気事業体制のように、この国の近代化の骨格となって来たようなものは、正にその典型的なしきたりではないでしょうか。

さらに私どもは、第三編で以上のことを電気の物理的応用という技術編の展開から発送電一貫体制は最も工学的に適合したシステムであることを述べております。結局はこの点も、また歴史と伝統を無視したような政策によって、無理かつ無駄な制度改革が行われてはならないということを述べたものです。私どものこの本が、国民の皆様の正しい判断材料として役立てば望外の喜びであります。

最後に私どもが主張したいもう一つのポイントを再記しておきましょう。私どもは、今回の原子力事故を軽んずる積りは全くありません。しかし、原子力発電を止めて、化石燃料である石油・石炭・ＬＮＧなどを燃やし続けることは、ＣＯ２すなわち二酸化炭素を大量に発生させ、地球環境全体の破滅を逆に進めているという大変重大なことに気付いて頂きたいということです。

これは、私どもが述べているだけではありません。例えば、ピューリッツアー賞受賞者のジャレド・ダイヤモンド氏が今年一月三日の朝日新聞「オピニオン」で「二酸化炭素による地球温暖化はすでに、大きな被害をもたらす熱帯低気圧を増やします。放射性廃棄物は地下深くに封じこめられますが、放出された二酸化炭素は二〇〇年間は大気中にとどまるのです。（中略）原発事故や地震で、文明が続く可能性がそこなわれたことはありませんが、二酸化炭素は、現代文明の行く末を左右しかねない問題なのです」

また元東大総長で文相にもなった有馬朗人氏も次のように述べております。

「エネルギー問題についても、指導者は日本だけでなく、人類全体のことを考えるべきだ。（中略）再生可能エネルギーは、全量買い取り制度によって10年後に年間５００億キロワット時の発電量が見込まれる。それでも総発電量の５％にしかならない。30％を占める原子力をなくした時、残りの25％を火力に頼れば、二酸化炭素の排出が増える。資源の枯渇だけでなく、地球温暖化への影響など種々な要素を総体的に考え決断する必要がある（以下略）」（読売新聞二〇一二・二・一〇「指導者考」より）

以上の両氏の意見は、この先原子力をどう選択すべきかの重要なポイントを示していると思えてなりません。

クリーンエネルギー政策を求める日本人の大戦略のためにも、成人になった若者を含め是非とも心ある方々にはここで指摘したようなことを含め、今まで歴史が積み上げてきた多くの知見を無駄にしないようにして頂きたいと思います。突出した政治と行政が結び付いたような、稚拙な転換だけは避けるよう、力を合わせて新たな道を熟考し実践して貰いたいと願うばかりです。

最後にこの本の編集は、石原進氏と永野芳宣が相談して、四編に分けまとめました。議論に参加しかつ資料をご提供頂いた「二十一世紀寺小屋研究会」のメンバーの方々をはじめ、執筆を補佐して頂いた株式会社正興電機製作所の松尾聡氏をはじめ、ご協力頂いた皆様に、執筆者の南部鶴彦、合田忠弘、土屋直知ならびに永野芳宣から、心よりお礼を申し上げます。また、この出版に際しご協力とご理解を頂いた財界研究所の村田博文社長と同社の畑山崇浩編集委員、ならびに原稿の整理などに忙しく手伝ってくれた加納哲夫氏永野の秘書廣田順子さんに、重ねて感謝を申しあげます。

二〇一二年 三月 一日

執筆者を代表して永野芳宣記

[監修者・著者紹介]

石原進(いしはらすすむ)〈監修〉

1945年生まれ。69年東京大学法学部卒業、日本国有鉄道入社。2002年九州旅客鉄道(ＪＲ九州)社長に就任。09年会長。他に九州経済同友会代表委員など。

永野芳宣(ながのよしのぶ)〈監修兼著〉

1931年生まれ。東京電力常任監査役、特別顧問、政策科学研究所所長・副理事長、九州電力エグゼクティブアドバイザーなどを経て現在、福岡大学研究推進部客員教授。他にメルテックス(株)相談役、イワキ(株)特別顧問、立山科学グループ顧問など。

南部鶴彦(なんぶつるひこ)〈著〉

1942年生まれ。66年東京大学経済学部卒業。73年同大学院経済学研究科博士課程修了。学習院大学経済学部教授。

合田忠弘(ごうだただひろ)〈著〉

1947年生まれ。73年大阪大学工学部電気工学科修士課程修了、三菱電機入社。電力流通プロジェクトグループ長などを経て06年九州大学大学院システム情報科学研究院電気システム工学部門(電気 エネルギー・環境工学講座担当)教授。工学博士。

土屋直知(つちやなおのり)〈著〉

1945年生まれ。69年九州大工学部卒業、日立製作所入社。81年正興電機製作所に転じ、研究開発室長、常務などを経て97年社長に就任。会長を経て現在、同社最高顧問。

クリーンエネルギー国家の戦略的構築

——二十一世紀の電気文明時代を生きる知恵——

2012年３月11日　第１版第１刷発行
2012年３月30日　第１版第２刷発行

著者————南部鶴彦、合田忠弘、土屋直知、永野芳宣

発行者————村田博文

発行所————株式会社財界研究所

［住所］〒100-0014　東京都千代田区永田町 2-14-3　赤坂東急ビル 11 階
［電話］03-3581-6771
［ファックス］03-3581-6777
［URL］http://www.zaikai.jp/

印刷・製本————凸版印刷株式会社

IISBN978-4-87932-081-0
定価はカバーに印刷してあります。